U0855332

指南针

负责指北

内在强大 自分を強くする

应变万难的力量

[日] 横山信弘 著
王春燕 译

天地出版社 | TIANDI PRESS

图书在版编目（CIP）数据

内在强大：应变万难的力量 /（日）横山信弘著；
王春燕译 .—成都：天地出版社，2023.3
ISBN 978-7-5455-7479-1

Ⅰ . ①内… Ⅱ . ①横… ②王… Ⅲ . ①成功心理—通
俗读物 Ⅳ . ① B848.4-49

中国版本图书馆 CIP 数据核字（2022）第 236167 号

NEIZAI QIANGDA：YINGBIAN WANNAN DE LILIANG

内在强大：应变万难的力量

出 品 人　杨　政
作　　者　[日] 横山信弘
译　　者　王春燕
责任编辑　霍春霞
责任校对　曾孝莉
封面设计　今亮后声
内文排版　冉冉工作室
责任印制　王学锋

出版发行　天地出版社
（成都市锦江区三色路 238 号　邮政编码：610023）
（北京市方庄芳群园 3 区 3 号　邮政编码：100078）
网　　址　http://www.tiandiph.com
电子邮箱　tianditg@163.com
经　　销　新华文轩出版传媒股份有限公司

印　　刷　北京文昌阁彩色印刷有限责任公司
版　　次　2023 年 3 月第 1 版
印　　次　2023 年 3 月第 1 次印刷
开　　本　880mm×1230mm　1/32
印　　张　9.25
字　　数　178 千字
定　　价　59.80 元
书　　号　ISBN 978-7-5455-7479-1

咨询电话：（028）86361282（总编室）
购书热线：（010）67693207（营销中心）

如有印装错误，请与本社联系调换。

前言

所谓强者，是如何界定的呢

不被担忧与恐惧所动摇，时刻保持冷静头脑的人。

不被失败与风险所动摇，富有挑战精神的人。

不被困难与压力所动摇，能富有逻辑地思考解决方案的人。

不被周围人的意见所动摇，能保持清醒头脑的人。

像这样的人，无论如何都可以称得上是一位强者吧。

如果单纯从“强者”这个词来想象的话，每个人脑海中都会浮现出或具有强健的体魄，或具有坚韧的精神，或具有战胜对手的实力等各式各样的高大形象。然而，**我脑海中强者的最重要共性是不被动摇**。

有些人一听到“强者”二字，可能首先想到的是掌握着很大权力的人，但请冷静地思考一下，其实此种情况下不动摇的是他的地位，而他本人是否强大则另当别论。

任何人都可以变成强者

我是一位咨询师，我所从事的工作就是深入企业中，帮助企业顺利达成既定目标。我成立的公司名叫阿塔克斯销售集团，是一家咨询公司。我为公司制定的理念是“以成为世界一流的营销支援公司为目标”。到目前为止，我公司拥有了为 NTT DoCoMo[1]、软银[2]、三得利[3] 等知名大企业，以及活跃在地方城市的小企业等各种客户提供咨询服务的业绩。

我公司还有一大特点，那就是人才济济。我公司拥有众多受到企业支持与信赖的咨询师，除了作为社长的我本人，一年演讲或受邀参加研讨会 200 场以上的有 2 人，150 场以上的有 3 人，100 场以上的有 2 人。

---

1 NTT DoCoMo：是日本的一家电信公司。

2 软银：指软件银行集团。

3 三得利：即三得利株式会社。

有一次，我被一位媒体人士问道：“横山先生，莫非您与山北阳平先生是同一家公司的？”“我们在同一家公司，山北阳平是我的下属。”我回答。

山北阳平的畅销书《越能出结果的领导越不容易被动摇》（“读者选择的商务类图书大奖赛 2018”排名第八），向人们传达了一种叫“介入式管理术”的管理方法。迄今为止，他已经出版了 3 本著作。他是一位异常活跃的人物。杂志或报纸等媒体与我公司联系时，现在往往都不找我了，很多人都指名道姓地要找山北阳平。

即便是山北阳平，在最初的时候也并不是像现在这样的强者。山北阳平原本是位音乐家，还从事过手机销售的工作。在进入我公司后，他自身发生了极大的变化。这也算是一个自我改变的例子吧。

山本夏美女士也在成为我的部下后扩大了活动的领域。她成立了一个专门支援职业女性的组织——“讲逻辑的可爱女性会”，简称“逻爱会”。她在圆满完成咨询业务的同时，还作为由 100 多名女性组成的组织的领头人，出版图书，为线上杂志撰写专栏文章等，声名鹊起。

我还有一些部下，别看不怎么在媒体上抛头露面，但他们在工作的第一线拥有惊人的人脉关系，只要他们一招呼，规模为一兆日元大企业的部长就能来几十位。

我的这些部下在刚进入公司时并不是现在的样子，经过几年的培养与锻炼，他们变得敢于挑战难度更大的工作。曾经有一位员工，刚进公司时说他最害怕在众人面前讲话，可一年后他便能站在 50 人、100 人面前从容地进行演讲。

帮助客户公司制定出高标准的目标，并且让他们“绝对达成”这个目标是我部下的日常工作。因此，我觉得我的这些部下都可以被称为强者。而这个以“绝对达成”著称的咨询公司的统帅是我。我于 2015 年在日本成立了一个由一般企业经营者参加的经营者团体 ——“绝对达成社长会”，我正在把这个团体往全国各地扩展，它将成为“目标达成欲望日本第一高的经营者团体”。

“绝对达成社长会”的会员已超过 600 名，其中大部分当然可以被称为强者。我要求每一位社长都要在早上 7 点开始“把想达成的那个很高的目标向自己的员工做演讲”。如果是对所从事的行业没有自信的经营者，恐怕连加入这个团体都会犹豫不决。

有的会员加入团体时还不是经营者，仅仅是一名员工，但在加入团体不到一年的时间，他就辞去工作自己创业了。或者把路都懒得走的人集结成一个“绝对达成跑步俱乐部”，让他们挑战全程马拉松。这些会员在体验了几次全程马拉松后，开始挑战超级马拉松[1]和铁人三项。

还有一位公司员工喜欢健美运动，成为*Tarzan*[2]的封面人物。他在不动产交易中获得成功，资产增加到了3亿日元……

在我身边，这样的人很多，而且逐年在增加。他们**从某个时刻开始改变自己，把自己变成了以前根本无法想象的全新的自己**。

这些愿意尝试自我改变，而且成功变成了全新自己的人有一个共同的特点，那就是强大，即“**不为变化所动摇，内心很强大**”。

本书的主题与使命，就是将其中的缘由解说清楚，让你也能变强大。如此一来，你就可以成为一个享受变化本身，由原来那个会因为隐隐的不安而备感折磨的自己变为一个不会轻易被外界变化所动摇的内心强大的自己。

讨厌变化的弱者们

与生俱来的强者，毕竟是少数。嘴上说什么都容易，但真能持续做到面对风险时英勇决断，去实际行动，即使遇到障碍也努力去克服的人，并不是那么多。

1　超级马拉松：是一种超过标准马拉松的长跑运动竞赛，分为两种：一种是固定距离，一种是固定时间。

2　*Tarzan*：是一本日版健身杂志。

作为咨询师的我们，并不是只把改变客户公司人员的意识作为唯一目的。我们要改变员工的意识、行动方式，让整个公司变成稳定地朝着目标迈进的组织，这才是我们毫不妥协地要实现的目标。换言之，我们咨询师的工作就是把在客户公司工作的人变成强者，也就是说，把他们**铸造成无论设定什么目标或者希望其挑战什么新事物，都不会动摇的人**。

当然，这不是一蹴而就的事情。我在前文提过，能被称为强者的人并不多。其中特别让人犯难的是那些资深的中层管理人员。他们如果照我们说的做了，有可能就把以前的自己给否定了，心里当然会不痛快。有些员工做了一阵子抵抗后，就找个适当的理由辞职不干了。很显然，他们辞职的真正理由是他们对于变化（新生事物）所产生的不安，或者认识到自己根本无法追赶上这些变化。

那么，讨厌变化而进行抵抗的员工占的比例大约是多少呢？令人悲伤的是，他们占了员工的大多数。

进入经营层的人是有危机意识的，那些年轻职员中确实有一部分人应对新事物时头脑挺灵活，而那些中层管理人员几乎都讨厌变化。

在接受媒体采访时或发表演讲时，我一讲到这里，每每有人苦笑着问我：“不应该吧，现在可是到处宣扬自我变革的重要性的时代，你这么说是不是有些夸大其词了？”我会严肃地回答：“这就是日本企业的现实啊！你不妨深入第一线看一看。”

今后的时代所要求的“强大”具体指什么

我们生活在一个变化剧烈的时代。产业结构在变，不稳定的国际形势在变，人们的生活方式在变。**世间所默认的常识被完全颠覆已是屡见不鲜**。而且，这种常识性颠覆的震源往往来自科技的进步。可以预见，今后社会的方方面面都会加速变化，这是现实。

我们所处的时代，要求我们必须具有“不为变化所动摇的自身强大”的素质。

“人的性格说改就改是很难的，你说的这些都与我没关系。”很多人都会理所当然地这么想。

人们以为的性格问题，其实大部分都是受过往经验影响而形成的思维方式，换句话说，只不过是一些惯性思维方式。

既然是后天形成的，就可以改变，关键在于你如何看待自己的性格。

我为什么能如此断言呢？别看我现在是“以成为世界一流的营销支援公司为目标”的集团的社长，又是“目标达成欲望日本第一高的经营者团体”的代表，但35岁之前，我只不过是一个不值一提的非常平庸的公司职员，对组织做不出较大的贡献，是一个胆小而无力的“弱者”。

那时的我，在工作中接二连三地出现失误，然后会加班到公司只剩下我一个人；或者在公休日放弃休息跑到公司加班，却坐在电脑前发呆，往往几个小时的时间溜走了也没干什么活儿。现在看来，我属于典型的逃避现实的人。如果上司交给我难度比较大的工作，我马上就想逃离，会说出“这不可能，我可做不了”这样的话，或者一直沉默不语，直到别的同事举手说愿意接受那份工作。类似这种事发生了很多次。

虽然我从早上 8 点到晚上 11 点一直都在办公室里工作，但我能完成的工作还不到其他同事的十分之一。

我知道，读到这些文字，能引起共鸣的人可能很少，但请允许我这么写出来。当然，我既不是心理疾病患者，又没有从心底抵触公司的制度。虽然我抱有对组织做贡献的强烈想法，但我的身体就是不配合行动。我虽然什么都明白，但并没有去做应该做的事，庸庸碌碌地混着一天又一天的日子。

当时我虽然才 30 多岁，却经常生病，胃痛刚刚好，偏头疼又严重了，还常常被腰痛、后背痛所困扰，一感冒就拖拖拉拉不容易好。我是一个弱不禁风的人。

我一直忘不了妻子快要分娩我们的第一个孩子时的情景：我

一边侧身看着因阵痛而痛苦不堪的妻子，一边不停地咳嗽，我已经感冒 3 个星期都没好了。

妻子顾不上初次生产的不安与恐惧，反而劝我说："你不要紧吧？要不你回去休息吧！"我听到她说的话时，感到无法用语言形容的羞愧。

在长子出生 3 个月后，我从日立制作所辞职了。那时我正好 35 岁。因为我还没找好下一份工作，所以每天都待在家里面对妻子和孩子。那段日子对我来说就像身处地狱一般难熬。

虽然我赋闲在家，身体健康却每况愈下。去医院看完病后，我总是拿着处方单去同一家药店买药，那家处方药店的药剂师已经记住了我的脸。我感觉那位药剂师每次看到我的脸，都会摆出一副像吃了黄连似的表情问我："花粉症又严重了？""这次是膝盖疼？""双手发麻？""带状疱疹？"

再就职一事迟迟定不下来，这时我听说在 JICA[1] 驹根[2] 训练所附近将举办一次青年海外协力队同窗会，我就去参加了。

我从赴任的危地马拉回来，已经过了 10 年了。参加这次聚会的人都是曾承接外务省的工作，奔走于世界各地，完成海外工作后返回日本，目前几乎人人都成了活跃在各自岗位上的干劲十足

1 JICA：即日本国际协力机构，全称 Japan International Cooperation Agency。

2 驹根：是日本的一座城市。

的佼佼者，我待在其中真是如坐针毡。那种情景，我到现在还历历在目。

在宴会中途，我的一位同期赴任的同事匆匆忙忙地走出去接电话，谈的都是些工作上的事情，令我羡慕不已。我的手机通信录里只是保存着妻子的电话号码，其余没什么人可以联系的了。

曾经那样的一个我，如今已经出版了 15 本书，有 3 个专栏的连载，每年进行 100 多场演讲，经营着一家咨询公司，还是“绝对达成社长会”的代表。

我每月跑步 100 千米，与在一个叫作“绝对达成健身房”的团体中一起锻炼的伙伴们每日相互汇报锻炼的成果。这几年，我连一次感冒都没有得过。

唯一没有改变的就是我和妻子的关系，其他（包括工作及身心状况）都发生了一百八十度的大转变。

我的精神变强了，而且可以说处于灵活、富有弹性的状态。那些自卑的想法或怨恨他人的意识都烟消云散了。

人，确实是可以变强大的，而且不只限于我一个人！

基于科学依据的变成强者的方法

那么，我们怎么做才能变成不易动摇的强者呢？

关于这个技巧，我会在本书中以我平时在咨询现场经常运用的 NLP[1] 为核心，来进行有逻辑性的、具体形象的解说。

最近，街头巷尾涌现出大量与人工智能相关的预测未来的书，我感觉其中很多作品都竭尽所能地煽动一种对未来的不安与充满危机感的情绪，“那么具体来讲，人类到底该怎么做呢？”却没有讲透彻。

我可以毫不谦虚地告诉你，你读完我这本书后，那种模模糊糊、很不爽的感觉就会消失。

本书核心部分的内容，就是我以及我的诸多客户、参加研修班的人员、我的部下们通过实践，**花很长时间进行自我变革后提炼总结出来的经验、诀窍的汇总**。

我特别希望大家留意的是第四章的内容，即“从过去的纠缠中解脱出来”。

讨厌变化、容易妥协的“弱者”的特点之一就是很难摆脱过去的阴影。

摆脱过去阴影的技巧，我在咨询工作的实战中多次使用，其刺激强度很大。最初我们制定的目标是“从平时的点滴做起，努力成为崭新的自己，逐渐发生变化”，等稍微习惯一些后，我们再

1 NLP：全称为 Neuro-Linguistic Programming，后文统一译为“神经语言程序学”。

来改变“过去的自己”。

“别人及过去是无法改变的，能改变的只有自己。”很多人都这么说。但是，**他人也好，过去也好，都是可以改变的**！即使事实无法改变，认识也是可以改变的！当你掌握了这种刺激强度很大的技巧时，你就已经加入强者的行列了。

变为强者的精髓

本书由四章构成。

在第一章，我将详细说明在当今这个变化剧烈的时代，“强者”的定义也随着改变了。

第二章是“让自己成为不易被外界变化所动摇的人”的初级篇。我在这一章介绍了克服容易感情用事的弱点的方法。想改变自己，顽强的毅力并不是必需的，以近乎贪婪的态度去掌握知识，并且锻炼出具有逻辑性的思考能力，就有成功改变自己的机会。

第三章，我把它称为中级篇。我在这一章所讲的主要内容是，为了成为能改变自己的人，成为不轻易被动摇的人，我们必须有意识地刷新自己的固化思维方式。为此，我们需要持续地给自己一些新的刺激（冲击）。这一章的关键词是“尝试新体验”（接触一些新鲜事物）。

第四章是高级篇。我将结合案例讲述可称为“自我变革终极技巧”的“重写过去记忆的方法”。

大部分读者朋友通过前三章的内容就可以成为强大的自己，那些始终被过去的痛苦回忆所纠缠，难以摆脱出来的人，请一定尝试一下我在第四章所讲述的方法。

人，没必要被过去囚禁，也无须被未来的重负压倒。我们只要改变一下认识，就能把自己从过去的阴影中解脱出来，只要成为适应变化的自己，未来就会充满希望。

我衷心祝愿读者朋友们阅读了这本书后能拥有愉悦、幸福、精彩的人生。

目录 Contents

Chapter 01

第一章 强者的新定义

Chapter 02

第二章

用知识武装自己

Chapter 03

第三章

尝试新体验

Chapter 04

第四章
从过去的纠缠中解脱出来

Chapter 01

第一章

强者的新定义

为了在变化剧烈的时代生存下去，我们需要什么

就像人们把易变性、不确定性、复杂性、模糊性这 4 个英文单词的第一个字母组合起来，称为“乌卡时代”（VUCA）那样，当今的世界正在以惊人的速度发生变化。

举一个产业结构变化的例子，电子商务带给零售行业和物流行业的冲击，新兴国家的崛起导致日本制造业的衰落等，大家都是有目共睹的。

从金融、经济层面上看，精密技术行业迅猛发展，无国籍虚拟

货币登场，Mercari[1]出现，Airbnb[2]等共享经济日益兴盛，而在日本经济中处于核心地位、始终保持着强者形象的主流银行却开始大规模裁员了。

工作方式开始发生翻天覆地的变化。副业、兼职被允许，劳逸结合意识、人权意识在逐渐增强。雇佣形态的流动化、自营业者的增加等，使曾经支撑日本经济高度发展的终身雇佣制终于走到了尽头。

仅仅在10年前[3]开始普及的智能手机，给我们的生活、工作带来了显著的影响，人们接触信息的方式、沟通方式等都发生了翻天覆地的变化。今后随着人工智能技术的提升与日常化，这类变化的速度会更快。

同时，日本还面临着超高龄化社会及人口减少的艰难课题。人类经常以史为鉴，从历史中学习很多东西，而将近30%的人口是65岁以上的老人这种社会，人类在过去从未经历过。与此

1 Mercari：即煤炉，为日本二手物品交易网，类似中国的闲鱼网。
2 Airbnb：即爱彼迎，全球旅行房屋租赁网。
3 即从作者写作本书的时间往回推10年。

相伴，整个社会保障体系将发生根本性的改变。

对于进入剧烈变化的时代，我在这里既不担忧，也不赞美。我也不想像未来学者那样，给大家描绘 10 年后、20 年后社会的样子。

但是，没有人会否认，在各个领域，我们一直认为是常识性的东西，有很多正在被颠覆，而且在逐渐增多，今后还会继续增加。

唯一让我担心的是，我们怎么做才能在看不清前途且变化剧烈的时代中最大限度地获得幸福感。

经过反复思考，我认为，我们唯有灵活调整、改变自己，让自己无论处于什么样的环境下都不会动摇、迷茫，才是正理。

无论是个人还是企业，优势都会很快过时

在商务圈中经常使用“优势”这个词。企业的优势指的是一家企业与其他企业相比，拥有尖端技术、广博的见识、优秀的人才等。个人的优势一般是指一个人在某一方面或多方面拥有比其他人更加优秀的才能或高超的技能。

但是今后，优势不再是绝对的、一成不变的了。因为优势会随着环境的变化而变成过时的东西，甚至有时会成为绊脚石，进而演变成弱势。

从事向日本的优质公司进行投资业务的镰仓投信的镰田社长曾经对我说：“现在已经不是所有的方程式都有答案的时代

了。”甚至可以说，即使过去正确的东西在今后的时代也未必正确了。

我周围有很多金融机构和外资咨询公司的朋友。他们毕业于名牌大学，长期在大企业中任职，有的成为独立的研修班讲师。

作为商务人士，他们拥有很多优势，比如知识丰富、逻辑思维能力及沟通能力强等，但他们也有弱势，那就是受挫败的经验十分匮乏。

有一位在主流银行工作的熟人因看不惯公司裁员的手段，辞职不干了。他表示今后想从事支援中小型企业的咨询工作，可惜他并不了解弱者的心理。

面对业绩不佳的中小型企业的经营者，他以居高临下的口吻说：“这么理所当然的事情都没有做到。”以这种态度对待客户，即便他说的都是正确的，对方也难以接受。

也许他在大组织中的协调能力很强，但他共情能力不足，无法赢得别人的喜爱。后来，他的咨询工作持续没到 2 年的时间，他就放弃了这一行，到一家民营企业就职去了。

长年与数据打交道的人，往往不擅长与人打交道。像税务师、会计师，他们善于单纯用原因来分析、看待事物，但在注重极致的关怀和殷勤款待的环境下，这些优势就变成弱势了。

在我从事咨询工作的十几年中，我见识了各种规模的形形色色的企业。其中有很多企业，由于外部环境的变化，其优势已经被弱化，但它们不慌不忙地稳坐泰山，仍满足于过去的成功及既得利益，不思变，没能进行自我改革，最终业绩一落千丈。

当然，类似问题在全球化的大企业中也存在。它们因巨大的身躯来不及适应产业结构的变化，最终被淘汰。这样的事例不胜枚举。

在商业领域，本质上最重要的并不是作为手段的优势，而是作为状态的强大。

说起“强大”，很多人脑子里浮现出的是“内心坚强，不易被撼动”的那种顽强不屈的形象。但我要反复强调，在变化如此剧烈的时代中，“不易被撼动”等同于“不发生变化”，也就是没有任何风险，但实际上并非如此。

不光企业如此，个人也是如此。社会一旦发生变化，自然而然地就会波及个人。社会环境变化后，社会所需要的工种、要求个人所具备的技能就会发生变化。以前普遍受到好评的自己的优势，如今很可能不再被那么多人所接受了。你即使不想改变目前的生活方式，也不得不去改变。

可以说，企业也好，个人也罢，都需要具备不畏惧变化的那种强大。

是承担改变的风险，还是承担不改变的风险

让我们拿大河的流淌来形容一下今后时代人们的生活方式、生活态度。

即使大河的流速再快，在大石头的后面或者靠近河床的地方也会产生滞流处，即产生流速放缓的地带。喜欢钓鱼的人都知道，很多鱼为了减少不必要的体力消耗，都很喜欢待在这些滞流处。

近年来，媒体的话题往往集中在流速很快的“河流”中心，或者水较浅的地方。我们往“河底”望去，就会发现一些人无论“大河”怎么流都不愿意随着水流而去，他们像壁虎那样紧紧

抱住“河底”的大石头不放；还有很多人正犹豫着到底要不要随着水流漂走。如果从企业的角度来说，这些人就是中间层，也就是那些中层管理者。

他们普遍会这样想：“世间总说变化、变化，即使我不改变，到时候也总会有出路的，我就维持现状好了。”

他们既不想逆流而上，也不想顺流而下。

回避令自己不快的事，选择待在让自己很舒服的地方，是人类的本能，从某种程度上来说也是没办法的事。

但是，我们如果在一个感觉舒适的地方一直待上10年、20年，对新事物产生抵触情绪，就会陷入更加不能改变的恶性循环中。

心理学上有一个术语叫“损失规避”，是指把未来可能获得的利益与当前可能发生的损失放在天平的两侧时，很多人会无意识地选择规避当前可能发生的损失的一种思维方式。

日本人被认为是损失规避心理很重的民族。这与日本制造业经常说的“我们擅长改良，但苦于不擅长创新”相吻合。

创新，并不会在现状的延长线上发生，那种能够把现状暂时抛开、敢于承担风险的技术革新精神是必不可少的。

比如，试图改变零售与物流概念的亚马逊公司等，他们将公司收益的绝大部分都一股脑儿地投入各项先期投资中，持续扩大公司的业务。能采取如此大胆的战略的大企业在日本几乎没有。

其实在日本，还有一个非常令人不可思议的现象是：大家认为离职率低的企业才是好企业。

从之前的一些统计数据中可以清晰地看出，与其他发达国家相比，日本企业人才的流动性极低，可员工对企业的忠诚度和向心力从世界范围来看也是极低的。

从数据中可以看出，很多日本人在背地里对公司抱有各种不满情绪，却不主动采取任何行动，仍旧依靠着公司生活，当面一套、背后一套的倾向十分严重。这又是一个具有损失规避心理的证据。

到一家公司就职靠的是一种缘分，我们要通过各种机遇来拓展自身的各种可能性。在一家公司事业成功的人，只是受到了命运的恩泽，而换一份工作并不是什么坏事。不管是逃避性地换工作，还是积极性地换工作，都没关系，尝试改变自己所处的环境本身就是有价值的。我自己就是通过换工作成长起来的，所以我这种意识更强。

今后的时代是一个没有标准答案的、不确定性很强的时代，在那样的环境下，**如果我们总想依靠着什么生存下去，或者在不自觉中总是选择维持现状，那么各种风险就会随之而来。**

我们是承担改变的风险，还是承担不改变的风险呢？逼着我们做出这种选择的时代，正迈步向我们走来。

不要用登山思维去思考，而要用漂流思维去思考

“你说让我改变，我都不知道自己想变成什么样子。”也许很多人都会这么说。我觉得，即使这样想，也没什么问题。

主张设定目标、达成目标的人，往往会用一种类似登山者的思维来思考问题。首先把一座山的山顶想象为目的地，然后研究前往这个目的地的途径，接下来一边排除障碍一边一步一步地向那里前进。

像这种基于逆向思维的接近目标的方法，对于应对具有挑战性的短期工作是必不可少的。但是，面对人生或企业的长期规划等周期很长的问题时，这种思维方式就未必合适了。原因是你

设立了长期的目标后，当你周围的环境发生了变化时，你的前提条件就变了（而且这种变化的可能性很大），这时你实现目标的可能性很小。

比起这个方法，我觉得还不如培养一种强有力的意识，不断刷新自己，无论在工作中还是在生活中都珍惜眼前的缘分，建立顺向思维。这样一来，不管时代怎么发展都能勇敢地去面对。

我再用更加通俗易懂的话来表述一下。登山时，我们可以按照自己的节奏来攀爬：爬累了，可以休息一会儿；有时不在状态，质疑自己真正想爬的到底是不是这座山，那么停在原地稍微思考一下，也是可以的。

而在漂流时，我们如果一味按照自己的节拍走，那是会被淹死的。我们必须清楚水的流动规律，并迎合规律顺势而为，做出相应的动作。无论你处于多么失神、多么迷茫的状态，水还是一直流淌不停，它可不管你的心情。

漂流运动员及皮划艇选手的肌肉那么发达，就是被每天的训练和各种比赛给练就的。

变化日益剧烈的未来时代，要求我们每个人必须掌握在富于变化的潮流中随机应变的“漂流”技巧。

所以说，我们设定目标的同时，还要拥有能够乘风破浪的坚强内心与高超技能。

掌握可以顺应变化的“强大”

毋庸赘言，如果我们能设立长期目标，那当然好。

能拥有人生梦想，毕竟是件好事。但是，我们在拥有梦想的同时，最好还能够抱有在必要时随时更改计划或梦想的灵活的思维方式。这种善于应对变化的灵活性、随机应变的漂流技巧，就是强大本身。

在我们漫长的人生道路上，无论在任何时期，都有可能发生一些让我们不得不去接受的突如其来的变故：

因公司经营方针的调整，自己不得不被派往海外的子公司去工作；

为了照顾年迈多病的父母，自己不得不回老家去工作；

妻子突患大病，自己不得不每天一下班就立即回家；

丈夫被裁员，自己不得不外出工作。

无论在工作上还是在生活上，环境的变化层出不穷，有时甚至是双重或三重变化同时发生。虽然你抱有很多远大的理想，比如“利用我自己最大的兴趣点来创办一家自己的公司”“我想为贫困地区的孩子们建一所学校”，但突然有一天，你家刚出生的孩子被诊断出先天性疾病，与此同时，因为遭遇了天灾，公司要把你派到地方去做救援工作。

我在前文提到的“前提条件就变了”，就是指的这种情况。

这时，我们不要一味地怨天怨地，感叹自己的不幸，只有能够尽快接受新的境遇的人，才算是一个强者。

从这个意义上说，也许我们只有具备“人生如漂流”的意识，才算是符合时代要求的人。当然，这并不是要求所有人都成为巧妙应对激流的职业漂流高手，但至少应掌握“不被淹死”的技术。

人生是各种偶然的堆积

“你的理想是什么？”

“你愿意花毕生精力去完成的事情是什么？”

“你的职业规划是什么？”

很多人都会向我们提出这种沉重的问题。这些问题都源于登山思维。

这些问题虽然都属于很正能量的、志向高远的话题，但抬头看看我身边的这些与我交流过的公司经营者或一些咨询师，我发现他们中因为抱有理想才站在今天这个位置上的人只占极少数。

为了完成业务上的目标，我们往往会驱动各种组织功能，盯准目标采取行动；而想达成自己的人生目标，却不是盯准了目标就能实现的。

我自己也没有什么像样的人生目标。如果有人问我 3 年后的公司经营计划，我还能拿得出来。但如果有人问我："你的人生目标是什么？"我只能回答："没有什么特别的啦。"

"你连自己想做什么都搞不清楚吗？"
"你难道就没有想花费一生精力去实现的理想吗？"

我觉得特别爱说这种话的人，往往以"自己的人生比较成功的人士"居多。

在大企业里混得还算不错、升到一定职位的一位男士这样问他那个找工作不是很积极的儿子："你到底想干什么呀？"

其子满脸困惑，坦率地回答："哎呀，我也没有什么特别想干的。"

父亲正颜厉色地训斥道："就你这种模棱两可的态度，在社会上是行不通的！"

我真想问问这位父亲："你在学生时代，就已经想到自己将来要当 ×× 公司的总务部长了吗？"肯定不是那么回事吧。

我问过很多在工作中做出不小成就的人这样的问题："你们是如何决定要从事现在的工作的？"他们绝大部分人都回答："只是偶然的缘分罢了。"

也许有人会事后加上一些理由，或者连他自己都相信了自己编织的故事，而事实并非如此。

我们不妨看看这位大企业中的部长的升迁历程，他通过学生时代同一兴趣班的学长引荐，进入了该企业，历经几个部门的工作后被分配到了总务部，而与之关系不错的上司恰巧升了职，而后提拔了他。正所谓**偶发事件的堆积造就了起承转合的人生**。

职业决策领域有两个职业决策模型，分别是职业锚[1]和善用机缘论[2]。

牢固地树立自己的职业发展目标，然后反复钻研，以自己的意愿选择工作的环境，这属于“职业锚”。

在偶然所属的岗位上不懈努力，在长期的工作中使自己的职业规划向着好的方向发展，这属于“善用机缘论”。

如果你只工作了10年，也许还不置可否，但当你工作了20年、30年时，你再回过头来仔细分析一下自己走过的路，我相信，大多数人都会承认自己的职业决策模型属于“善用机缘论”。

1　职业锚（Career Anchor）：又称职业系留点，该理论由美国职业指导专家埃德加·H. 施恩（Edgar H. Schein）教授提出，指的是人们选择和发展自己的职业时所围绕的中心，即当一个人不得不做出选择时，他无论如何都不会放弃的职业中的那种至关重要的东西或价值观。

2　善用机缘论（Planned Happenstance）：直译为“规划偶发事件”，由美国斯坦福大学教育与心理学教授约翰·D. 克朗伯兹（John D. Krumboltz）提出，由金树人翻译为“善用机缘论”。该理论强调，未来充满变数，任何人无法预测未来，没必要提前规划好人生的每一步；偶发事件很有可能改变一个人的职业轨迹，只要认真去做就对了。

固化自己的未来，风险很大

过去的我曾一度坚信“人没有梦想，就不可能拥有幸福的人生”。在当今世界，这种理想至上的观念多多少少让人感到有些不合时宜。

比如，在教育指导领域经常有人以问答方式逼迫人做出自己的人生规划，一个劲儿地抛出很多关于未来的问题：

“你 40 岁时年薪是多少啊？”
“你 50 岁时在哪个部门工作？负责哪些项目啊？”
“你从事什么工作？住在什么样的房子里？休息日都与什么样的朋友交往啊？”

如果为了上人寿保险，我们一起来探讨人生规划还可以理解。但在实际生活中，这些问题的价值早已降低了。

时代的变化速度已经超出了那些指导别人的人的想象，现在已是谁都无法预测、不确定性极高的时代。

如果我们在这样一个充满不确定性的时代，选择自我固化的话，除了风险还能有什么呢?

“理想、目标可以有所变换。”哪怕只是有了这样的想法，有些人都可以放下思想的包袱，轻松地前进。

如果步伐能变得更加轻盈，你就能不断地感知到新的世界，也许在那个过程中，你反而找到了自己真正想做的事情。

漂流所需的两个要素

我们应该抱有何种意识，做何种准备，才能成为即使被激流卷走也不至于被淹死的强者呢？

要素一：持续变化

对维持现状的做法开始产生怀疑，让自己持续变化，哪怕只是改变一点点。如果我们能改变环境，这是最有效果的，但如果这样做很不现实，就试着改变自己吧。即使只做这一点尝试，我们也可以变成全新的自己。

养成适应变化的习惯，一方面可以促成自己的成长，另一方

面，当外部环境改变时，可以轻松应对，不至于积攒太多的压力和烦恼。

本书把“对变化所产生压力的耐受性”称为“**变化耐性**”，如果这一能力弱，人就会本能地去选择维持现状，因此这是一种非常重要的能力。

有的人可能会反对公司的改革方案，愿意承担不改变的风险。问题的关键在于，一旦知道这种选择失败后，能否马上采取下一步行动。实际上，这样做的难度很大。

人如果放松警惕，往往就容易变得得过且过。你如果不去有意识地持续锻炼、提升变化耐性，耐受度就会衰减，那么到了关键时刻就很难发挥出自己的特长了。

我在工作场合遇到过形形色色的人，我发现长期蛰伏在“河床”上、拒绝变化的那部分人都有一个共性：他们往往把变化带给人的压力看轻了。

“到了该变的时候我自然就会变，不用担心！但现在还不是时候。”总是这么想的人，一旦让他做出改变，大多数就会陷入崩溃的局面。

比如，某日社长来了指示，要进行部门改革。这时很多部门管理者都慌了神，没了主意。

甚至在我们推进的很多项目中，即便我公司协助客户公司经营层制订出了计划，项目也会因负责项目的部长或科长的思维处于停滞状态而举步维艰。

就像平时如果不给身体施加一些负荷的话，肌肉会萎缩一样，**长时间待在没有任何变化的环境中的人，也会形成不思变化的体质。**

当我们进入现场做咨询工作时，有一些 40 多岁、50 多岁的员工因无法适应工作方式的变化而辞职，且这种情况屡见不鲜。他们中的很多人会说：“我已经尝试着很努力地去改变自己了，但是精神上实在受不了。”

人是否可以发生剧变，将是一个以结果为导向的结论。变化的结果能否朝着好的方向发展，也将是一个以结果为导向的结论。即便如此，也不能把安于现状视为理所当然。无论程度如何，能不断自我更新都是非常重要的。

要素二：拿到一支适合自己的“船桨”

虽然顺应潮流采取行动十分重要，但“丝毫不动脑子地随波逐流的人生观”是值得商榷的。

此时你需要的是一支能乘风破浪的“船桨”。

高明的漂流运动员与普通人比起来有什么不一样呢？他们具备“灵活顺应水流的能力”和“判断划桨时机的能力”。他们会在最佳时机使用船桨，让激流为己所用，成为助力。

什么是我们人生中的“船桨”呢？我认为是**有效控制自己感情的能力（自律能力）和对事物进行逻辑思考的能力**。关于如何获得这些能力，我在后文会进行详细讲解。

一味地放任自流，虽然很轻松，但你不知道什么时候会翻船，什么时候会被淹死。

“足够了”的时代，改变了人们的价值观

经历过经济高度发展和泡沫经济时代的一代人，由于长期生长在处于上升通道的社会中（当然也受到了广告宣传的影响），往往会制定一些非常物质化、可视化的目标，比如“我想拥有一套属于自己的大房子”之类的。

但当今的日本已经步入成熟社会，经济低空飞行。“拼命加油，努力工作”的说法已经不太符合潮流，抱有明确的长远理想的人成了少数派。

在商界，提到资源，人们往往想到的是“人、财、物”，人为了生存下去所需要的资源其实同样是“人、财、物”。我们以

此为切入点来思考问题的话，也许就很容易理解了。

关于“人”，随着社交网络服务的普及，可以说与他人联系的困难程度已经大幅降低了。

关于“物”，已经发生了显著的变化。在全国房屋空置率急速增高的当下，除大都市以外的地方，拥有自己的住宅已经不再是什么难事，难度跟买辆汽车差不多，甚至有些地方的自治政府还会无偿赠送给你一套房子。

过去的年轻人所憧憬的汽车，现在已经明显变得供过于求。加之像 Mercari 那样的网上跳蚤市场等应用软件的普及，人们的生活方式发生了很大改变，大家只在需要的时候才会按照自己的实际需求购买商品，消费行为明显趋于理性。

共享经济使得实体经济变得难以把握。因为拥有“物”与富裕指数之间已经不再成正比关系。

关于“财”，在针对年轻人所做的工作意愿调查中可以看出，一般的年轻人都“并不想以牺牲个人私生活为代价去赚钱”。

在由共享经济建立起来的“共有型社会”，人们对于财富的价值观发生了巨大的变化。

总之，当今时代已成为“足够了”的时代。

目标越来越抽象化

人最原始的动力是“饥”和“渴”。

为了填补生活中的不足，人会采取主动性的活动。神经语言程序学把大脑的这种规律称为“空白原则”。

当“人、财、物”的需求基本得到满足后，大脑将开始寻找新的动力。

“从追求物质到追求事业”，再到“追求有价值的生活、有价值的工作”，我们身边出现追赶这些听起来更加抽象的风潮的人越来越多，这其实就是“空白原则”在起作用。

前几天，我问一位年轻的销售冠军：“你设立了什么远大目标吗？”他很轻松地回答我：“没有啦，我只是因为每天的工作都挺愉快，所以才一直在做。”

也许这令中年以上的人很难理解，但他本人认为：“我对赚钱、升职没什么兴趣，我最珍视的是在工作中获得充实感。”

这是他的真实想法，他的人生目标大概就是快乐地活在当下吧。

诚然，拥有明确的理想和目标并不是坏事，毕竟是先瞅准了一个目标，然后才投入自己的时间和精力的，比起那些没有目标的人，有目标的人也许会更早做出成果，但我想强调的是：**没有任何逻辑可以证明“没有明确的理想和目标就不能获得幸福”**。

“想改变现状”是一个很棒的目标

“空白原则”还带来另一个现象。

如果没有感到明显的不足，人就很难有动力，因此有些人在潜意识中会有这样的想法："具体不清楚怎么回事，我总觉得我的人生缺乏干劲。""我总觉得必须改变现在的自己。"

有些人会这样想："现在我虽然不存在养家糊口的问题，但还是心有不甘。"

有这种想法的人不只限于年轻人，有的人随着年龄的增长，这种想法越来越强烈。40 岁前后就闭门不出的人，或者临近退休年龄的人，听到"人类进入长寿时代"后开始思考自己退休后的人生，他们会想：像现在这样下去真的没问题吗？

负责理性判断的显性意识却不知道具体该如何改变，于是他们持续呈现出一种"想改，但改不了"的很不爽的现象。这就是对现状说不出、道不明的不满的根源。

有人断言："如果对自己所处的现状做出超出必要程度的否定是一件坏事情。"我对这种看法不能苟同。

我认为，**拥有"想成为全新的自己"的想法是"成为不为变化所动摇的自己"的萌芽**。接下来我们要重点关注的是如何把这一幼芽培育长大。

我在前言中提过，我曾经一度坠入人生的谷底。现在回过头来看，我既不是能力极差的人，又不是不懂得待人接物的人，更不是没有行动力的人。可我在工作中不断失误，总让人着急冒火。那时候的我真是心力交瘁。

后来我萌生了无论如何都不能再维持现状，“我要变成一个全新的自己”的念头，并朝着那个方向不断追逐下去。这个念头最终使我打开了局面，摆脱了危机。

有的人掌握着很好的资源，却没能令其充分发挥作用；有的人明明意识到了自己的问题在哪里，但就是懒得采取行动。

假如这些人能加强改变现状的意识，他们的人生在很大程度上就会发生转折。

钝感力不具参考价值

世上存在很多高风险事物，有些人在向高风险事物挑战时，不被外界变化所动摇而果敢行动。

有的人即使失败了，也毫不在意，可以马上思考下一步该做什么。无论周围人说什么，他都可以在自己认准的道路上一直坚定地走下去。

比如，在做销售工作时，无论客户提出什么样的条件，他都能坚持住，就是不肯降价；客户对他说“不需要”，反而会激发起他的热情，他会反反复复地拜访客户；客户愤怒地冲他嚷嚷“不许再来了”，他却积极地想“我正好可以把时间分配给其他客户”，一点儿都不灰心。

对于创业者来讲，这样做很容易理解。这些创业人员一般都白手起家，从零做起，承担的风险很高。对于这种富有挑战精神的行为，他们的家人、朋友往往单纯地出于为其担心而形成一股阻碍势力。他们会说：“你还是算了吧！”“绝对不可能成功的！”“做一名公司员工不是挺好的吗？”

即便在这样的情况下，他们仍旧不屈不挠，即使投入的资金见了底也丝毫不退缩，最终让自己的事业步入正常轨道。一般人真的很难效仿这些创业者。

“不动摇”代表的是一种状态。他们的同事看在眼里，也许会说：“那个人，精神力量太强大了！”“那个人，心理准备太充足了！”都显示出很羡慕的样子。

我们在这里把他们“不动摇”的根本原因剖析一下，就会发现这里面包含两种因素，即强大与钝感力。

强大是后天锻炼出来的，而钝感力是与生俱来的。换句话说，钝感力是无法轻易模仿的。

我们做咨询时经常会遇到一个难题。很多企业的经营者会把自己公司的销售冠军拿出来作为例子，对我们说："要是能让我公司所有的销售人员都达到他那样的水平就理想了。"

我们仔细观察那位销售冠军的工作状态后发现，其实他只是比其他人更加钝感，因此他采取行动的量更多，从结果来看，他拿到了更多合同。

这种情况并不罕见。比如，很多中小型企业的销售人员对于去大企业做销售工作都感到畏首畏尾，而有的人却可以毫无顾忌地去闯荡。你问他有什么秘诀，他会轻轻松松地回答你："我就是随便打了个电话，问问他们买不买，他们就买了，没什么呀。"

这样的人很容易成为销售冠军，之后也会做出很多好业绩，然后会先于别人被提拔为管理者。这时，一般很快就会出现问题。为什么呢？因为越是钝感的人，越不可能理解那些业绩不好的下属。

当下属遇到难题，去找他商量时，他会说："这有什么难的？去做就是了嘛！真搞不懂你做不了的理由是什么！"这样他很难与下属建立起融洽的关系。

如果有人说"我也想成为像那个人那样不易被动摇的人"，那我建议他最好先搞清楚他想效仿的人是后天变得不易动摇，还是天生不易动摇。

最具参考价值的是那些后天想让自己变得不易动摇，而刻意去锻炼的人。

如果非要拿"因为天生钝感，所以强大"的人去和自己比较，只会白白浇灭自己的自信，得不偿失。

思维程序因“刺激强度 × 次数”而改变

如果有人对你说：“你不要害怕变化，你得主动改变你自己。”也许绝大多数人都会想：自己的性格是很难改变的。那么，我们一起想一想：自己的本来面目是什么样的？

我平时在做咨询时经常会用到一种理论——神经语言程序学。该理论认为，“自己变了”其实意味着“感觉变了”。

该理论认为，**人的大脑遵循一种“刺激—反应”模式**。即，人体在受到某种刺激时，会做出不自觉的反应，而到底会如何反应，取决于人的“思维程序[1]”。

人的思维程序是由过去的体验的反复刺激，即“刺激强度 × 次数”形成的。

例如，我们常用的 Excel 中有宏表函数，如果我们在表格里输入一个数值，那么 Excel 会根据函数计算公式自动计算出一个结果。同理，我们的大脑在接收到某种刺激（输入）后，我们的潜意识会不自觉地做出反应（输出）。

举个例子。大家试想一下“咸梅干[2]”，就是那种拇指大小的、酱红色的咸梅干。仔细观察其表面，有点儿湿漉漉的。把它放入口中，嚼几下，此时牙齿可以碰到梅子的硬核了。也许此时嘴里正发出“嘎嘣嘎嘣”的声音。

读到这里，你是不是嘴里已经充满唾液了？受不了酸味的人，

---

1 后文也称“思维方式”。

2 咸梅干：是一种蜜饯。一般选用红透的梅子，放入盐、紫苏叶，用重石压好腌制，腌后晾晒三天三夜，装入瓶中，经过一年的熟成后就可以佐餐食用了。其酸、咸度极高，味道很刺激。

也许已经浑身起鸡皮疙瘩了吧。这正是你的身体受思维程序的影响不自觉地做出的反应。

但是，有上述反应的，只限于过去吃过咸梅干、知道它的酸度的人。

我作为青年海外协力队的一员，曾被派往中美洲的危地马拉工作过一段时间。我对当地的人说："你们试想一下吃咸梅干的感觉。"他们什么反应也没有。这是很自然的。

他们没吃过咸梅干，在他们记忆的抽屉里没存放这一项，所以即使听到咸梅干，他们的思维程序也不会被启动。

因此，那些"意志薄弱""害怕失败""遇事马上想躲到舒服的地方"之类的软弱表现（自己都不喜欢的反应）是由一个人过去偶然的体验导致的。当他再次遇到类似的体验时，思维程序就会自动启动。

与他人的关系也是如此。比如，小 A 见到 B 先生，没有任何不良反应；但 B 先生的下属小 C，因为平时总是受到 B 先生的职权骚扰，所以一听到 B 先生的名字心情就会变沉重。

一个人受到什么样的刺激，表现出什么样的反应，品味到什么样的感觉，受他过去的经历左右。

由于思维程序对我们影响很大，即使大脑明白，身体也可能会做出不同的反应。这就是隐藏在人体中的自我矛盾。

对变化产生过度的不安，执着于维持现状的想法，就是基于上述原因。这些反应都源于一个人的思维程序。

增强变化耐性的三个阶段

变成一个不易被动摇的人，大体需要经历三个阶段。让我们一起逐个看一下。

1. 拥有自己的“船桨”

人有一种叫作“理性”的显性意识，它可以把属于潜意识的思维程序所做出的反应封闭起来。甚至可以说，正是由于人具备以理性去遮掩本能的能力，人才得以称为人。这就是我们手里拿着的“船桨”。

学习新知识、锻炼理性思考能力、开阔视野，这些都可以拯救软弱的自己。甚至有时候你所获得的新知识对你产生的刺激强度很大，你因此改写了自己的思维程序。具体内容我将在第二章进行详细解说。

作为增强变化耐性的第一阶段，我会在本书第二章介绍“理性”这种“船桨”的使用方法。

2. 改变日常体验，改写思维程序

人的潜意识的影响力是十分巨大的，不是所有的事都可以用理性去控制的，而且人如果一辈子全都是理性行为，就太乏味了。因此，在理性无法覆盖的领域，需要我们改写思维程序。我们要改变日常的体验，再一点一滴地改写已经形成的思维程序。这就是第二阶段。

正如事先不做拉伸运动，一下子做激烈的运动就很容易受伤一样，想提升变化耐性，也要从成为“习惯变化的自己”这一基本准备开始。

为此，我们应**把自己置于新的环境中，逐步尝试着去改变那些**

每天并不在意的行为。通过持续地给大脑施加新的刺激，我们可以把已经僵化的思维程序变得灵活一些。

我们的目的在于发生变化，所以要**挑战能让自己稍微感到一些纠结的“新事物”**。这样一来，总想维持现状的成见就会被逐步剥离，变化耐性就会一点一点增强。

这就像你在做一个从水深处向水浅处慢慢地把脸露出来的练习一样，如果觉得水流合适，你可以下决心顺着水流漂浮。

对我们来说，新鲜刺激的事像天上的星星一样多，我们很难选择。我建议，**在你做出选择时，请有意识地留意一下刺激的强度**。

既然我们的价值观和感觉会因“刺激强度 × 次数”而变化，我们就可以凭借次数的增加来改变自己。但我们如果想更高效地改变自己长年累月所形成的思维程序，恐怕就要给大脑一些稍强的刺激。

3. 改写过去的记忆

如果运用了上述手段之后还是不能改变你的思维程序，只能通过“外科手术”来强行改变了。这是第三阶段。

“这样也可以吗？”你大概会觉得惊讶。既然人的思维在很大程度上被潜意识所左右，那么我们可以改变自己的潜意识。虽然过去的事已无法改变，但我们可以改变对过去的认识。

Chapter 02

第二章

用知识武装自己

解除来自父亲的“魔咒”

人们往往会被过去具有强烈刺激的体验所缠绕，无法摆脱，并且自己的思维方式被深深地影响着，仿佛魔咒一般。不巧的是，我就碰上了这样一位深深影响我的父亲。

为了讲清楚“知识如何改变一个人的思维方式”这一话题，请允许我在这里讲一下自己的身世。

说起来很让人脸红，我的父亲是一个典型的嗜酒如命的酒鬼，而且非常好赌。唯一值得称道的是，他尚可以去认真工作，但他的工作所得几乎全部用于赌博和喝酒上。因此，可以说我是在一个经济条件窘迫的家庭中长大的。

父亲每晚都会在外面喝酒，所以我从小就经常被派到各个小酒馆或大排档去接父亲。

有一次，家里接到警察打来的电话："你家主人倒在大马路上，浑身是血。"在这种情况下，如果母亲一个人去接父亲，他就会胡打乱闹，无奈之下，母亲总是带着姐姐和我一起去接父亲。有时候，我被迫独自去接他，那可真是让人厌烦，因为如果我不能顺利地把父亲带回家，母亲就会对我发脾气。

一到周末，父亲就会从一大早开始喝酒。为了搜出用于赌博的钱，他会把家里的每个抽屉翻个底朝天，就连零钱也不放过。母亲气得从家里跑出去。这似乎成了我家周末的固定情景。

我即使再有耐性，也不愿意在这样的家里待下去。在没有小伙伴一起玩的日子里，我即使在河边无聊地踢地上的小石子消磨一整天的时光，也不愿意回家。

我的童年时光就是这么度过的。我结婚生子之后，也没有改变对父亲的厌恶之情。直到我将近 40 岁时参加了神经语言程序学讲座后，我认为一生都难以解除的魔咒终于解除了。

我去参加神经语言程序学讲座的初衷是想提升自己的沟通技巧。

那时，我已经辞去信息系统管理工程师的职务，转而从事营销管理咨询工作。因为迟迟做不出业绩，我的内心十分焦急。我想我应该从理论高度从头好好学习一下沟通技巧，在网上查了一下，发现了这个讲座的宣传语“神经语言程序学才是最强的沟通术”，于是我决定去参加这个讲座，虽然当时我对神经语言程序学的含义并不知晓。

由于讲座费并不便宜，我花了一年多的时间说服妻子，告诉她花这笔钱对我的工作很有意义。

当我终于坐在课堂上，听了 30 分钟的课后，我认定这笔钱花得非常值。因为我受到了很大的冲击。

最初那 30 分钟所讲的话题就是“人的思维方式是由过去体验的刺激强度及次数所决定的”。说得详细点儿，意识分为显性意识和潜意识。潜意识的能量是显性意识的 2 万倍。于是，人的思维方式（脑神经细胞之间的联系）就这样建立起来了，人的行为受该思维方式的操控。

一心想学习沟通术的我，一时很难理解这个话题，有些丈二和尚摸不着头脑。但这个论点还是让我受到了空前强烈的刺激。

那位讲师只是针对人的一般思维规律的研究成果娓娓道来，我却觉得仿佛是我的父母在温柔、耐心地对我进行讲解。

在那之前，我心中一直抱怨："为什么让我摊上这样的父亲！""别人的父亲那么出色，为什么我的父亲不能对自己的妻子和孩子更珍惜一些呢？"我始终从一个被添了很多麻烦的人的角度审视着我的父亲。

如果说偶发事件的刺激强度及次数决定人的思维方式，那我的父亲一定经历过很多事情，最终让他成了酒鬼、赌徒。我第一次可以从客观的角度来审视我的父亲了。

父亲是在东北农村长大的，阴差阳错地到了东京，而后又因故来到名古屋。他肯定有很复杂的经历，只不过他并没有对我们说。没准儿那些经历令他十分痛苦。

我生平第一次想到这些，心中如打翻了五味瓶，百感交集，眼泪止不住涌出眼眶，竟然不顾场合地痛哭起来。

顺便说一下，父亲至今也没有改掉爱喝酒的习惯，这是事实。但从那以后，我对父亲的看法改变了，可以向他敞开一部分心扉了，而且我不再轻易地单纯从自己的角度去评价别人了。

“我在众人面前做演讲了。”

“你小子？有谁会跑来听你瞎胡扯呀！”

“我出了一本书。”

“喔？什么书呀？你小子会写书？”

“爸，我当上社长了。”

“你小子当社长？是吗？真的？真没想到，我儿子还能当社长……”

这可真是“刺激强度 × 次数”的结果啊！

刚开始，父亲总是摆出一副很瞧不起我的态度，但我每次出新书都要把样书拿到他面前。有一天，父亲终于对我说：“你小子真行啊！”“了不起的家伙！别看你爸爸是这个样子，可你真了不起！”

我相信，这是因为我的思维方式转变了，父亲的思维方式经过几年的磨炼也终于跟着转变了。

这对我而言可以说是人生巨大的转折。而这次巨大的转折源自我参加的一个讲座，以及偶然获得的知识。让人转变的契机，往往是突然降临的。而正确的知识具备改变一个人的能量，可以让人变得强大。

知其所以然的重要性

后来我才知道，我所参加的那个讲座，在注重实际练习的神经语言程序学中是很罕见的，是属于注重说明逻辑规律的一种。

当时的我刚刚进入咨询行业，而且之前我一直闷头搞技术，对什么事都喜欢探究其中的缘由。所以，该讲座正好适合我。我想读者中一定有很多跟我一样的人吧。

举个例子，上体育课时，你是喜欢重视实际操作的教练，还是喜欢重视理论研讨的教练呢？这可能因人而异。

对我而言，如果你只是单纯地告诉我“你该这么做”，而不告诉我为什么，我很难从内心真正接受。所以比起第一种教练，我更喜欢第二种教练。

我相信，一些读者朋友曾经想过改变自己，但尝试了很多做法都没有效果。其中一个原因可能是“只知其然，不知其所以然”。

在后文，我会建议大家为了更容易抓住通过锻炼变化耐性来改变自己的机会，要提前尝试那些平时没有尝试过的体验。

如果我不说明原因，只是单纯做一下指导，有多少读者看完后会付诸行动呢？我认为寥寥无几。

如果我从理论入手，告诉大家“人的思维方式是由刺激强度和刺激的次数决定的，因此通过崭新的体验，持续给大脑一些新的刺激十分必要”，说服力就明显增强了。

如果我继续深入说明“刺激强度是受人的优势感觉左右的”，那又会怎么样呢？这样你就能理解，为什么其他人的经历对你并没有太多参考价值。

因为我很清楚，只有在了解自己的特点的基础上，选择崭新的体验，才会有效果。

以前，无论父亲怎么说、怎么做，我都会感到很厌烦。有一次，父亲语重心长地对我说："你现在也有孩子了，以后要更多地承担家庭的责任。"我没好气地说："你烦不烦啊！谁要你来教训我！"这是我的思维方式已经固化的表现。

虽然理智上我明白，我不应该对父亲说"你"，但思维方式是大脑的反射，是理智难以驾驭的。

当我邂逅了神经语言程序学，获得了知识，踊跃参加了各种讲座，并改写了我的思维方式后，无论父亲说什么，我都可以在某种程度上控制住自己。一方面，反应本身发生了变化；另一方面，在某种程度上，理智抑制住了感情。

“想改变，但不行动”的思维方式的共同点

以前，一位熟人公开表示“想做点儿改变”“想让自己变得更能干”，但并没谈到具体想法。

他曾对某网上沙龙（月付款、会员制的线上社团）感兴趣，犹豫着要不要加入某实业家创立的会员制社团。

我建议他去办理入会手续。他却说：“入会费太贵了……网上沙龙到底是做什么的，我都搞不清楚。”

于是我建议：“我帮你引荐那位实业家，怎么样？”因为我和那位实业家是社交平台上的好友，而且我们在某出版社还有共

同的朋友，所以我确信我能帮他引荐。

“你拉倒吧！真见到他本人，我都不知道该说些什么好。”

“那要不然，你加他为网上好友吧！”“他那里将举办一个免费的讲座，你去不去？”后来我又向他提过好几次建议，可他始终未采取任何行动。

“我根本就没想过见他。”

是啊，他说得也对。他原本的愿望是“想做点儿改变”“想让自己变得更能干”。

他到底只是想与别人分享一下自己的想法而引起共鸣，还是想寻求解决之道？关于这个问题，我问过他。

如果他只是想引起别人共鸣，那我应该装出一副虽然想改变但目前仍在维持现状的样子，对他说：“哦，你想改变呀？其实我也想尝试着做一些改变呢。”这样才能迎合他的心理。

可他不是这样的，他总是很坚决地对我说："横山先生，我当然特别想改变自己。"

因此，我觉得他是在寻求解决之道。于是每次见到他，我都会向他提出建议："你这么做怎么样？""你参加这个讲座怎么样？"

他的愿望只停留在口头上，一旦需要采取具体行动，他就会找出各种理由来拒绝。

虽然每次见面我都向他提出建议，但实际上我们每年就见面一两回而已，我并没有死缠烂打地向他提建议。

这种交流持续了大约 3 年，后来他干脆不给我回信了。有一天，他跟我联系说："以前我曾说过想改变自己，但鉴于目前工作繁忙，家里也有各种各样的事情，我只能集中精力做眼前的事情。"这让我很遗憾。

如果他真的由于工作或家庭的一些状况，需要暂时把"改变自我"的想法束之高阁，这我能理解；可实际上他跟其他人也这样说："我特别想改变自己，就是不知道怎么做才好。"他的本质一点儿都没有变。

我以前参加过各式各样的以自我开发为主题的讲座，见过很多只是把理想和愿望停留在口头上，愿意来听课学习，但事后不采取任何行动的人。

这些人的思维方式极其相似。虽然他们有改变的欲望，但如果你向他们提出具体的行动建议，他们马上就会巧妙地回避。当他们拒绝的理由枯竭时，他们就开始对“想改变”这件事本身产生抗拒心理。

过去的我也是如此，所以我深知这些人的心理。他们嘴上说着“我也想改变”“我也想被人称赞‘真能干’”，但他们的思维方式十分固化，导致他们像浑身铐着镣铐一般止步不前。这种事后找理由的做法，我们称为“编故事”。

比寻找软弱的理由更加重要的事情

人类具有一个习性：只有现在的行动与过去的言谈举止保持一致，才会觉得是正当的。这叫作“一贯性原则”。

首先，我们的身体会做出反应，寻找正当的意义。针对目前我们正在做出的行动或呈现的状态，我们要以自己可以接受的方式找出一个合适的理由来进行说明。

这里会出现一些意义上伪造的情况，也就是我们说的“编故事”。如果我们的变化耐性弱，就容易出现这种情况。

我们如果连续去参加由一群意气风发的商务人士组织起来的社

团活动，确实容易受到影响而发生变化。我们的**潜意识却不想改变**。于是，我们的身体会做出“不想去”“不想参加”的消极反应。

不管是免费也好，会场离公司很近也罢，抑或在网上申请一下即可，我们的身体都会一直拒绝。虽然理智上接受了，但身体还没有做好接受的准备。

很多人都为自己难以改变、无法挑战新事物而烦恼，并对其中的原因百思不得其解。其实这种现象并不是由一个很有逻辑的原因导致的。

“每一件没有达到预期的事情都会有对应的原因”的想法本身就是错的。让我们放弃这样的想法吧，只要单纯地承认“我们无法对抗大脑的思维程序”就可以了。

我在给企业做培训时，经常会“强制”要求采取集体决策。因为一旦放宽自主性，就会出现做事的人和不做事的人，到头来做出判断的并不是某人，而是某人的固定思维方式。这其实是很危险的。我们只有理性地控制住身体的反应，精神才能得到强有力的锻炼。

不去探究原因，把你的意识放在身体所做出的反应上，并接受那种反应，你就会发现真正的自己。

如果你在为想改变却改变不了而烦恼，或者为那个使自己改变的契机迟迟不出现而烦恼，那么请你彻底打破“编故事”的习惯，接受自己软弱的事实。这才是你能改变自己的契机。

幸福是什么

让我们对幸福做一些考量。

幸福只不过是一种感觉

把手段和目的分开思考，是咨询师的思维方式之一。

在第一章讲到“职业锚”和“善用机缘论”时，我曾提到过有的人抱有明确的目标，有的人虽没有目标，却想在某些方面改变自己。虽然这是两种不同类型的人，但我认为二者的目的从本质上来说是一样的：都是为了获得幸福。

无论是梦想着拥有属于自己的房子，还是想成为职业棒球选手，抑或是开办公司，想为当今社会更加丰富化贡献一份力量，这些都是让自己和周围的人变得更加幸福的一种手段，并不是目的。人们相信，一旦达成心中的目标，就能体会到至高无上的幸福，所以才会朝着那个目标拼命去努力。

而那些没有什么目标的人，他们之所以想着要改变自己，也同样是因为想获得幸福。只是他们的手段并没有转化成具体的语言文字，所以他们误以为自己没有人生目标。

那么，所谓的幸福到底是什么呢？它并不存在绝对的定义，只是一种感觉而已。

人的大脑遵循一种“刺激—反应”模式，受到何种刺激后会做出什么样的反应，产生什么样的感觉，都是随着每个人不同的思维方式而变化的。

幸福无法用客观数据来分析

如上所述，感觉是由过去的体验所形成的思维方式决定的，所以幸福的定义因人而异，这从逻辑上可以解释得通。

我的一位朋友白手起家，把公司发展得初具规模，拥有 1000 多名员工。他既有显赫的社会地位，又有极其丰厚的物质财富。在他人眼里，他是一位成功人士，大家都觉得他非常幸福，但当我问他本人时，得到的回答并不是这样。

一个组织应该有与其发展相匹配的适度规模，而他的公司近年来由于员工数量急剧增长，组织变得非常脆弱，员工对公司的不满情绪也在逐渐加剧，股东们对公司的业绩要求非常严苛。他经常感受到来自上层的巨大压力，感到没有喘息的机会。

虽然有些经营者能够享受压力所带来的快乐，但有些经营者会感到快被压力压垮了，经常度过一个个难熬的不眠之夜。

幸福不能用客观数据进行分析，是否幸福，只有本人才能体会到。希望大家时常意识到这一点，这很重要。

有的人在外面忙了半辈子，虽然赚到了不少钱，但回头一看，家庭破裂，妻离子散，他非常后悔这半辈子都忙于工作，没有顾及家庭；有的人虽然一生清贫，但全家人团团圆圆，和和睦睦，每个人脸上都洋溢着笑容，一辈子过得安安稳稳。

因此，如何去看待自己所处的状态，只有自己才知道。有一个很重要的原则，就是不要去和社会上那些所谓的成功人士、知名人士进行比较，因为这只会使自己陷入无用的嫉妒或自卑中。

如果你看到媒体上宣传某位优秀的企业家，就非常羡慕，甚至想“都是同龄人，人家做出这么大的成绩，我怎么就……”，这种想法除了让你意志消沉，毫无意义。

自我解析幸福的技巧

在对幸福进行自我分析时，和过去的自己进行比较，是最理想的。

有些人对自己所处的环境会过度忧虑，如果你属于这种倾向的人，请务必从客观的角度审视自己，扪心自问：“和自己的过去相比，现在的情况变得如何？”

你一定可以真切地感受到自己的成长，现在还没有做到的事情，将来一定能够做到。我相信你会产生这种自信。

以我自己为例。我今年 49 岁，我儿时的家庭环境和我刚参加工作那段时间提起来让人脸红的工作表现深深地烙在我的记忆中，和以前比起来，我现在的状态可以说像玫瑰般绚烂。

我在“日经商务在线”“雅虎新闻”“新闻周刊”网站上发表一些短评连载，经常有读者在我的文章下面写一些比较过激的留言，这让我的下属和朋友们没少替我操心，都为我捏一把汗。

> 他们给您写那样的评论，您不介意吧？横山先生的精神状态真令人担心。

> 横山先生所写的内容是没错的。看到那些诽谤中伤的留言，想必您会有点儿垂头丧气吧，请千万不要被他们吓倒，不要输给他们。

我也曾收到过很多类似这样给予我精神层面支持的留言。

我的这种感觉似乎很难被人理解，所以我想在这里阐述清楚。对于网上那些难听的留言，我现在丝毫不会放在心上。

当我开始在“日经商务在线”上连载题为《摆脱会议》的短文时，我就收到了很多批判性的留言。

什么摆脱会议呀！有时就是需要开个会。这个咨询师真是什么都不懂！

在会议上发表演讲有什么错？在会议上一言不发的家伙们不是更可恶吗？这种连载干脆中止，不要再写下去了！

当我读到这些评论时，我突然觉得自己写了一篇很不像话的文章，而且我想这一定给“日经商务在线”的编辑部带来了诸多投诉，所以我赶紧与主编取得了联系。

直到现在，我都记得当时主编对我讲的一席话。那些话给了我很大启发，增长了我的见识，并且对我成长为一个真正的专栏作家起了决定性的作用。

“横山先生，您写的这篇文章引发了这么多读者的关注，留下这么多评论，我们非常感谢您！也许您没注意到，虽然批评的意见占了一半，但拥护您的留言也有很多。”

听了主编的话后，我再回过头来看那些评论才发现，在为数众多的留言中确实存在很多持肯定态度的评论。

那些写批评性留言的人，相信你们并没有把这篇文章读完。作者只是请大家停止那些毫无意义的会议，如果确实有必要开会，一定要把会议的目的、参会人员、时间都事先确定好再开会。

本文作者是基于丰富的经验和庞大的统计数据来对会议的意义进行论证的，提出非难的这些人只是在感情用事地进行诽谤，并没有提出有逻辑性的反对意见。

大脑一片空白的我，根本没有把注意力放在对我表示肯定的评论上，我当时已经心慌意乱了。

“如果只是写一些大家都认可的短评，就不会引起这么多人关注，像您这样在社会上提出问题让大家辩论，这才是我们的专栏应该发挥的作用。您写的很多文章都引起了广泛讨论，有人反对，也有人赞成。横山先生的主张非常好，您就这样一直写下去吧！”

主编的话给了我很大鼓励，于是我继续坚持我的专栏写作。后来《摆脱会议》专栏连载成了大热门，超过 100 万次 PV[1] 的文章出现好几篇。后来我把它改编成一本书，这本书顺利进入畅销书的行列。

其后，我又从事了 7 年多专栏写作工作，连续发表了很多文章，每次都会收到很多批评性的留言。根据“刺激强度 × 次数”的理论，我的思维方式逐渐发生了变化。如今，再看到那些留言，我已经完全无感了。

“今天又有人留言说‘横山先生写的文章狗屁不通’。他们这样糟蹋您，您还能坚持写下去，看来横山先生内心很坚毅呀！”大家有时候这样对我说。

其实他们错了。我本身并不是一个坚毅的人，是这 7 年多的时间使我锻炼成了一个不容易被动摇的人。偶尔回顾过往，很多时候我真真切切地体会到“这才是幸福”。儿时的我经常因家庭贫困而抬不起头来，朋友也很少。在我们班里，我毫不起眼，没人注意我的存在。如今，社会上有这么多人关注我写的

1 PV：即页面浏览量，全称 Page Views。

文章，单从这一点来看，我觉得非常难能可贵。

工作上也是如此。**过去难以应付的事，现在做起来得心应手。过去我一遇到挫折就容易消沉，如今气馁的次数变少了。**

就这样，我感觉到了自己的成长。我在这个时候是最幸福的。

如果把“现在”看作一个点，把“未来”也看作一个点，那么这两个点能连成一条直线。如果你在某一天能够感觉到自己在这条线上的某一个点上，那么你就容易感受到幸福了。

所以，请把比较的对象放在过去的自己身上，无论比较什么事都可以。以前我几乎没有读书的习惯，现在我一个月可以读 10 本书。我不仅增长了知识，还能以更开阔的视野思考问题。以前我很容易生病，最近身体强壮得像头牛。诸如此类，哪怕是些小事也没关系。

假如你觉得今天的你还不太优秀，不用太在意。不，你应该为此感到庆幸。因为不太优秀的你，给自己留出了很多实际体会幸福的余地。

减轻内心不安的秘诀：把计划外变成计划内

如果我做一个调查问卷："如果能改变自己，你最想改变自己什么呢？"可能很多人都会写："想改变自己对未知事物的过度胆怯。"

如果有人对你说："即使失败了，也死不了！"恐怕你不会立即转变观念，说："好，那我做！"

只要不属于特别钝感的人，都会对未知的将来感到不安。这是很自然的。我们与其勉强去改变这种身体的自然反应，还不如采取一种确实可靠、简单的方法：把计划外变成计划内。

至少我本人就是利用这种方法克服了容易紧张的毛病的。改变的方法的核心就是看你如何去预测未来，或者说如何去具体描绘未来。

我们试着以资产运作为例来思考一下。针对股票、外汇、不动产等资本的运作方式，很多人不顾风险、勇于挑战，然后编撰出各种文章供我们参考，很有借鉴意义。但未来的事谁能说得准呢？预测某只股票是涨是跌，或者不动产价格的走势，是很困难的事。

我们只要动脑筋把各项资产按比例配置好，就可以巧妙地把计划外的事情变成计划内的事情。虽然风险减少的同时，相应的回报也会减少，但通过调查过往的情况，我们可以预测一部分未来，这样就可以减轻我们内心的不安。（对于虚拟货币等新事物，由于目前还没有积累起很多过往经验，所以理论上想把关于它的计划外变成计划内很困难。）这就是我所说的“用知识武装自己”的意思。

做事不凭感觉，而是用理论和逻辑判断来减轻内心的不安，这样即便发生一些计划外的事情，我们也可以灵活应对。这是让自己强大的第一步。

每个人都想尽量规避日常中的各种风险。能把其中多大比例的风险转变成计划内，这是我们需要经常思考的问题。

我以前在进行演讲前，不仅会花时间设想大家可能会提出的问题，思考怎么回答，甚至还会像考生们考前那样到演讲会场踩点。

如何才能让我的演讲有吸引力，让听众喜欢呢？为了消除我内心的不安，我事先找来一些自己喜欢的讲师的演讲视频反复观看，从他们的表情到手势，到句与句之间的间隔等，我都一一进行模仿。我会反复练习，直到模仿得很像为止。当然，我还会不断想象自己在会场进行完美演讲的画面。于是，我内心的不安感渐渐减轻了。

利用这些看起来笨笨的方法去努力尝试，并保持理性思维，我的行动力增强了，一场场的演讲就这样顺利完成了。

时间一长，我仿佛被驯化了一样，已经适应了这种刺激，逐渐不再感到紧张了。而且，在内心模拟未来场景的过程中，各种可能产生的问题就会在眼前浮现出来。如果我们事先把那些问题的答案准备好，未来的情景就能更清晰、具体地显现出来。

越是优秀、能干的商务人士，越会就很多细节问题与上级进行沟通。

你如果养成把计划外变成计划内的习惯，就会为达到这个目的而开动脑筋或进行调查研究，而不会一感到“做不到”“很困难”就停止思考。

思考活动三要素，超级信息化社会最需要哪个

人的思考活动有三个要素：信息、知识和智慧。

从经营的角度看，各类数据属于信息；管理方法、组织体制和过去事例等属于知识；多年的工作经验所证实的解决问题的能力等属于智慧。

其中信息每天会发生变化，知识不会轻易变化，由于智慧是通过长期的经验积累起来的，所以随着时间的流逝，它也会逐步发生一些变化。

在往下游漂流时，为了准确把握住水流、找到适合自己的“船

桨”，把思考活动的三要素理解清楚很重要。

今后的时代是超级信息化社会，信息收集会变得非常容易。处理这些信息时，如果有“此时应这样处理”的明确规则，我们就会轻松很多。

只要我们或多或少拥有一些信息和知识，风险就能降低一些。哪怕我们被安排做新项目，或者在毫无相关经验的情况下被调往新的工作岗位，抑或得到晋升后下属增多了，我们都不会太担心。

如果你不能正确获得信息，没有处理信息的“知识”，单凭自己的感觉思考问题、做出判断，恐怕你会在信息化社会中无所适从。

随着信息化程度的深入，不光是信息和知识，就连人们的智慧都被赋予很高的期望。但智慧这种东西很难一朝一夕获得。

比如，在资产运作方面，我是一个外行，拥有肤浅的知识和浅薄的经验。股价、外汇行情等信息应如何判断，我只能借助书本上的知识或在网上查到的知识。由于经验太少，在这方面我根本没有能称得上是自己的智慧。我既然处于这种水平，就只能通过不断试错积累智慧。

针对我的咨询服务对象也是如此。我会先让他们抱有达成目标的信念，然后再告诉他们什么样的信息要用什么样的知识去解读。

我们不要以为这么做就能出结果，因为那样就把这个世界看得太简单了。我们只有不断动脑筋，把计划外的事情变成计划内的事情，才能积累智慧，产生再现性很高的成果。咨询师坚持去现场，就是为了通过与客户一起流汗，相互激发出智慧。

养成思考与总结的习惯，有助于智慧的凝结，也是拥有自己的“船桨”的第一步。一开始产生的智慧可能精度会低一些，这很正常。随着经验的积累，智慧的精度会逐渐提升。

烦恼与思考的区别

大家经常谈到一个话题：烦恼与思考是不同的。

我以前经常会无缘无故地感到烦恼，迷失在一个没有出口的隧道中，郁闷的心情会持续很久。当我学会用知识武装自己后，我对“烦恼”重新进行了定义，这使我的烦恼显著减少，心情舒畅的日子占了大多数。

思考与烦恼到底有什么不同呢？**思考是可以处理数据的状态，而烦恼是无法处理数据的状态。**

无法处理数据有两个原因：

（1）数据不存在；

（2）不能正确地访问收藏数据的记忆装置。

人的记忆装置与计算机一样，分为短期记忆、长期记忆、外部记忆三种。短期记忆类似于计算机的内存，又类似于一个操作台，在处理数据前，暂时把数据保存在这里；长期记忆就像储存着经过漫长岁月积累起来的知识的图书馆；外部记忆是存在于人的大脑之外的记忆装置，包括纸质资料、智能手机储存的数据、网络信息、公司数据库、他人的见解等。

通常，人在进行思考时，首先会去访问离自己最近的、访问速度最快的短期记忆，如果那里没存着自己想要的数据，就会向大脑更深处探索，去访问长期记忆，如果那里也没有，就会向外部记忆寻求答案。

以做饭为例，我们需要的材料如果在流理台上找不到，就会到冰箱里去找，冰箱里也没有，就得去超市买了。

那些一味烦恼的人，只访问了自己的短期记忆。他们就像在厨房里只扫了一眼面前的流理台，发现没有自己想要的材料，说

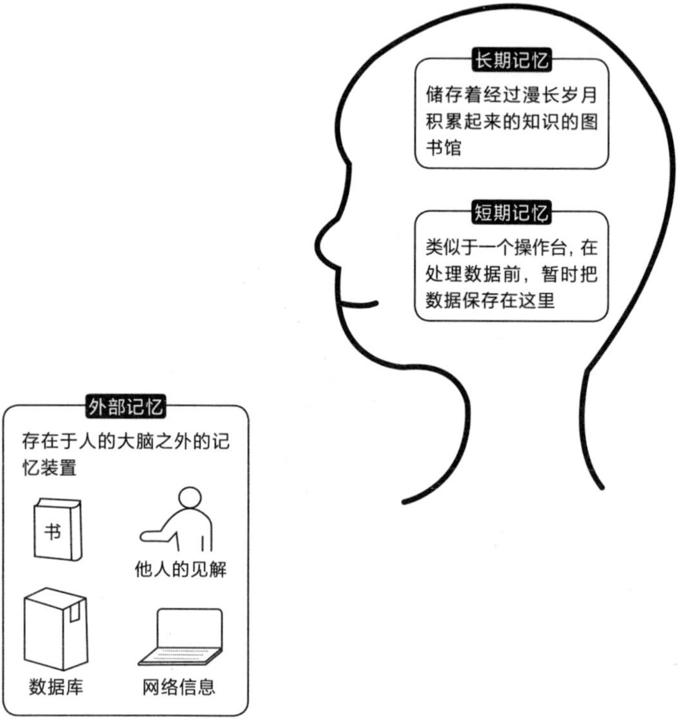

短期记忆中没有，就去访问长期记忆；长期记忆中没有，就去访问外部记忆，寻求答案。烦恼的人，只是访问了短期记忆。

图 1　人的三种记忆装置

了句“只有这些材料啊，不好办呢”，就站在那里不动了。他们既不去看看冰箱，也不去超市找找。因此，无论他们站在那里怎么烦恼，情况都不会有一丁点儿改变。

把烦恼变成思考的技巧

> 随着人工智能的进一步发展，社会会变成什么样呢？也许我会失业吧。而且人工智能比人类的大脑聪明多了，社会可能会大乱吧。可能会出现新的犯罪，存在银行里的钱会被坏人盗走。估计今后的社会更不容易谋生了，人类会越来越不幸。还是不要轻易生小孩了……

你如果没有正确的信息和知识，单纯把一些报道的只言片语纳入短期记忆中，就只能在原地兜圈子，白白消耗自己的能量。要想绕出这个没完没了的圈子，就得提出正确的问题。

“人工智能进一步发展后，我的工作真的会丢掉吗？”

“人工智能真的比人类的大脑聪明吗？社会真的会因人工智能大乱吗？”

“人工智能进一步发展，会增加新的犯罪吗？”

“社会真的会变得让未来的孩子们难以谋生吗？”

提出这样的问题后，你的大脑就会进入数据处理模式。为了寻求思考用的材料，你的大脑自然会去访问长期记忆和外部记忆。

如果你平时养成只访问短期记忆的习惯，大脑就不能正确地处理数据：“我说得没错啊！人工智能不就是这样的吗？这种东西要是进化了，社会不乱才怪呢！”你只会根据一些支离破碎、扑朔迷离的论据勉强推断出一个不准确的结论。

总是抱有烦恼、感觉痛苦万分的人，建议你先把烦恼与思考的不同运作方式搞清楚。特别是那些无论怎么冥思苦想，心里都蒙着一层阴霾的人，请扪心自问一个问题：“我现在是不是只是站在流理台面前，没采取其他行动？”

你如果能理解这一点，就能明白为了消除烦恼，应该求助什么样的对象了。**你应该找那种能为你正确解答问题的人，有时能成为你外部记忆的人**。

反之，你不应该找那种和你一样喜欢抱着烦恼不放的人。他可能会非常温柔地对你说："你的心情我特别能理解，这种感觉特难受，是吧？"你除了增加一个陪你站在流理台面前的人，什么问题也解决不了。你不能只满足于把朋友也带入使你迷失自己的死胡同。

概率论和再现性：判断标准所需的依据

在这一节，我想谈谈关于事物判断标准的概率论的话题。

我想大多数读者都是有阅读习惯的人。我公司的员工都以咨询为安身立命的主业，所以几乎都有阅读习惯，我认识的那些企业经营者也一样。虽然“越是成功人士越喜欢阅读”这句话已经被说滥了，但我觉得事实正是如此。

我在思考问题时经常用到饼图，就是我们在小学数学中学到的把几个圆形交叠在一起的那种图形。

比如，“有阅读习惯的人”用一个圆形表示，“成功人士”用另外一个圆形表示。（什么样的人才算是成功人士，因不是本书主题，故省略。）两个圆形重叠的部分代表“既有阅读习惯又成功的人”。两个圆形未重叠的部分代表“有阅读习惯却并未成功的人”和“没有阅读习惯却成功了的人”。

没有建立起思维基础的人很容易陷入一个陷阱，他们会得出“即使没有阅读习惯也能成功，那就不用读书了”这样的结论。

世界上确实存在没有阅读习惯也成功了的人，但如果把这个事实作为自己没有必要养成阅读习惯的论据，那只是一种想维持现状的偏见，与蜷缩在河床上的鱼一样。

在进行理性思考时，有一个不能丢弃的概念，那就是“概率”。

在进行假设前提思考时，需要遵循一个基本原则：从假设精度较高的前提开始进行。这个概率只能从过去的数据中读取。

有的人有阅读习惯，成功了；有的人有阅读习惯，却没成功；还有的人没有阅读习惯，也成功了。这三种情况只是按照

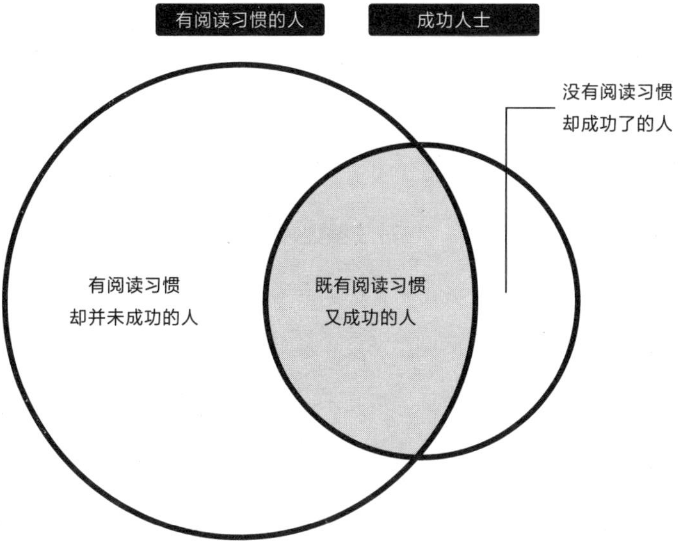

没有建立起思维基础的人，可能会得出“即使没有阅读习惯也能成功，那就不用读书了”的结论。但从概率论的角度考虑，不能说该结论是正确的。

图 2　思考问题时所使用的饼图

MECE[1]进行的分类，我们要在此基础上再考虑概率论，作为判断标准。如果不这样做，分类就没有意义了。

如果我们选择了概率低的做法，而且成功了，那么成为热点话题的可能性就很高。话题性高的新闻会引起很多人关注。所以，电视等众多媒体都会广泛传播这样的内容。

如果我们想变得强大，与其注重话题性，不如重视再现性。不管是减肥也好，经营战略也罢，一味追逐话题性高的方法的人，也许属于难以正确把控自己、容易冲动的人。

1 MECE：即 Mutually Exclusive Collectively Exhaustive，直译为“相互独立，完全穷尽”。这是一种对一个重大的议题进行不重叠、不遗漏的分类，借此有效把握问题的核心，并解决问题的方法。

选择困难症患者的不足之处

剧烈变化的时代是一个选择性增加了的时代。在众多的选项中迷失方向的人们，不自觉地就会去选择对自己来说最容易获得、最顺理成章的那个选项。但其中暗藏危机。

无论如何，我们都应该**客观地看待事物，以概率论来评价事物**。这也许与凭自己的感觉所选择的答案一致，也许不一致。

“仔细想想，其实这次的成功纯属偶然。”你必须有这样清晰的认识。

举个例子。有的人想改变自己，就把成功人士作为范本，然后完全按照相同的方法努力去做。这种想改变自己的意愿值得肯定，但其中存在一个很大的陷阱。

大家在水族馆里可能看见过体形庞大的翻车鱼吧。翻车鱼每次产卵数可达 3 亿个。那这 3 亿个卵有多少个可以生长为成鱼呢？只有三四个[1]，用概率来说，是一亿分之一。

假如其他翻车鱼的卵问那个在如此低的概率中脱颖而出、成功存活下来的翻车鱼：

"我们怎么做才能像你那样，在一亿分之一的激烈竞争中取得胜利呢？请告诉我秘诀！"

那条翻车鱼得意扬扬地回答："一共有三个要点。首先啊……"你觉得有多少翻车鱼卵参考它的说法后能存活下来呢？

假如这三个要点具有再现性，那么剩余的 299999996 个或 299999997 个鱼卵兄弟也会在一定的概率下（就算是 1% 的再

1　一说能存活 30 个左右。

现率，也可导致出现 300 万条成鱼）存活下来。这样的话，世界上的海洋就会被翻车鱼填满了。

但现实并非如此，“在翻车鱼进化的过程中，为了留下子孙后代，它们必须生 3 亿个卵”的结论才是合乎情理的。

曾经有些人通过比特币（Bitcoin）、以太坊（Ethereum）、瑞波币（XRP）、新经币（NEM）等虚拟货币成为亿万富翁，于是我身边出现了几位模仿这些亿万富翁、使用自己的资金过度投资虚拟货币的人。

听到这样的消息时，我也曾动过心。我并没有意识到，很多人因为模仿那些成功人士做同样的交易而蒙受了巨大的经济损失，我总觉得自己是个例外，一定会获得成功，我抱有这种过度自信的偏见。

如果经过不断收集正确的信息，在具备了一定的知识的基础上做出决策，也就罢了。但实际上，很多人只是单纯地去模仿那些亿万富翁的做法，这就太冒险了。成为亿万富翁的概率，与能活到成鱼阶段的翻车鱼卵的概率是相同的。

把自己向往的理想中的人物视为楷模，并模仿他的行为规范是可以的，但一定要分辨清楚，你的这位楷模是因偶然因素成功的，还是经过不断试错，最终利用自己的智慧而变得熠熠生辉的。为了不被激流所吞噬，这种敏锐的洞察力是不可或缺的。

矩阵思考：
即使发生计划外的情况，也能处变不惊的思考法

在横轴和纵轴上分别放置不同的事实，然后一边整理四个象限中的内容，一边进行思考的方法，叫作矩阵思考。其目的是在判断事物的优劣时，从几个不同的角度去综合分析判断。

这种方法原本是制定战略时起参谋作用的一种工具，也是咨询公司经常用到的一种思考方法。在选项越来越多、寻求答案变得越来越困难的当下，我们如果能采用这种矩阵思考法，就会更有力量。

在日常生活中，我经常使用的矩阵思考法涉及两个事实：一个

是“重要还是不重要”，另一个是“能解决还是不能解决”。我通过这两个轴线来整理我的思路。

通过这样的思考，我即便遇到一些计划外的情况，也不会混乱，而且这样的思考方法能够灵活应用于很多场景，所以我想推荐给大家。

比如，我们收到重要客户的一起重大投诉。虽然此事关系重大，但是一味地慌张不起作用，必须迅速采取对策。

在实际业务中，有些非常重要的争论点始终都没有比较好的解决之策。

举个极端的例子。你所在的公司突然有一天被某外资企业并购了。那些不会英语的人预感到自己在新体制下有可能被裁员，事关重大，但业已决定的并购事实，只要不出什么意外是不会改变的。既然这些人只能接受自己所处的境遇，那么即使发牢骚或者表露出各种不满情绪也无济于事。

再举一个游玩的例子。节假日你陪家人去迪斯尼乐园，进去一看，各个游乐设施前都排着长蛇队，就连去之前一直期待的最想玩的游乐设施前也挂着牌子“要等待 200 分钟”。得知要等 3 个小时以上，大家脸上都现出惊愕的表情。

此时，如果“我想玩”的欲求战胜了一切，即使等待 200 分钟也在所不惜，那么最明智的做法就是耐心接受眼前排队的事实，因为“这是一个无法解决的问题”。

“为什么今天人这么多呀！”“不是还有很多其他游乐设施吗？大家干吗都在这里排队呀！”说这些牢骚话，只会无谓地消耗心力。

所以，**遇到计划外的情况时，我会先考虑“能解决”“不能解决”这两个选项**。不去烦恼，而去思考。

如果无论使用哪种方法，最终的答案都是“不能解决”，那我就会停止思考。一味地动摇、苦闷，只会让我们的抗压能力下降。此时我们要有意识地停止思考，把注意力集中在用平常心去面对眼前的事情上。

		重要	
		高	低
解决	能	①	②
	不能	③	④

像这样做一张表，分别填入内容，①到④的答案就会非常清晰了。横轴与纵轴的事实根据判断所需材料而变化。

表 1　不知道答案时用来整理思路的矩阵思考法

还有一个基本轴线是“重要”“不重要”。

也许是新引进的信息系统非常难使，也许是被不诚实的推销员耽误了时间，抑或是手一滑，喜爱的精美餐具摔碎了……日常生活中的这些事在发生的一瞬间确实让人感到很不爽。

但是，请你试着想想：这件事真的那么重要吗？你会发现，并不重要。

你再接着想想：这件事能解决吗？如果你感觉会想出一些解决方法，那就请继续思考；如果根本解决不了，那就停止思考吧。

停止思考是不让自己陷入难以自拔境地的方法之一。

掌握不被感情左右的俯瞰力

在制定商务策略或解决日常问题时，不能感情用事，应该进行有逻辑性的理性观察。这需要与观察对象保持一定的距离才能抓住全貌，换言之，需要具有俯瞰力。

人往往都有一个倾向：会把焦点放在自己身上，或者是自己视力所能及的范围内，也就是所谓的视野狭窄。

我们如果视野狭窄，就不能捕捉住事物的本质，会做出错误的判断，而且会做很多无用功。为了使自己变得强大，我们不要再感情用事地瞎折腾了。

虽然在商务世界中具有俯瞰力已经被看作常识一般，广为人知，但一提到掌握俯瞰力的方法，很少能找到详尽的文字记载。我在这里向大家阐述一下如何掌握它。

我会用到在神经语言程序学中经常被提及的“Associate”和“Disassociate”的概念。

Associate是“交往”“联系”的意思，深层含义是“拥有很深的关系”。我们把对某个事物介入太深，导致无法以客观的视点去看待该事物的状态叫作“Associate状态”。沉浸于电影或小说中无法自拔，情绪沮丧，无法正视自己周围的环境，这种状态就属于Associate状态。

Disassociate是Associate的反义词，是“切断关系”的意思。我们把以冷静、客观分析的态度来对待某种事物的状态叫作“Disassociate状态”。前文提到，在迪斯尼乐园看到排着长蛇队后，能够客观地进行自我分析，并控制住自己的情绪，做出“除了排队没有其他更好的解决方法，焦躁、烦闷无济于事”的结论，这种状态就属于Disassociate状态。

我们如果能自如地把自己调整到 Disassociate 状态，就具备了掌握俯瞰力的能力。

大约 2 年前，得知我所认识的一位经营者在六本木开了一家旗舰店后，我兴高采烈地过去赠送了一个祝贺开业的花篮。7 个月后，风闻那家旗舰店濒临倒闭后，我匆匆赶过去见那位经营者。

我只是看了一眼，就感觉那位经营者正处于 Associate 状态。大概是因为他太执着于旗舰店了，他仿佛被霜打了一样，对我说："我真的不行了，我的努力白费了，都成了泡影。"他显示出一副情绪低落、万般无奈的样子。

等他冷静了一些后，我让他把分布在关东及北陆地区的 17 家店铺的数据拿给我看看。

该经营者处于掉进坑里的状态，致使他难以掌握公司整体的经营情况。他已经自暴自弃了，对员工不断发脾气。

为了重新让他获得俯瞰力，我需要很多正确的数据。他如果具有正确分析这些数据的能力，就可以与那个只知道后悔的自己切断关系。

旗舰店的失败，让他达成自己亲手制订的事业计划的自信心消失得无影无踪。哪怕是为了维护有缘才聚在一起的 100 多名员工的利益，他也应该让整天唉声叹气的自己尽快调整到 Disassociate 状态。

在情感控制方面，请大家记住 Associate 状态和 Disassociate 状态。

像这样拥有有效地利用信息和知识的能力，可以让我们控制冲动情绪，不被感情牵着鼻子走，建立起稳固的思考基础。

渊博的知识，可以造就不易被动摇的自己

知识虽然对人有益，但是那些浅薄的、偏颇的知识对人有害。**我们需要在头脑中形成一套逻辑严密、具有完整结构的知识体系。**

“为了更好地适应变化，我们应该让自己不断尝试新事物。”话虽如此，但几乎没人能轻易做到。因为这种说法缺乏具有逻辑的说服力。

我想引用因设计出“熊本熊”而成为焦点人物的日本设计师水

野学所著的《品味，从知识开始》[1]中的两段话。

> 有些人想挑选一些很有品位的家具，却总是挑选不好。他们对室内装饰的知识掌握不多，只是逛了几家家具店，匆匆浏览了五六本家居杂志，就下结论说“我搞不懂这些东西”。
>
> 那些一眼就能从众多家具中挑选出品位不凡的家具的人，恐怕都是看过一两百本家居杂志的有心人。

虽然一个人具有高品位确实不排除天分因素，但他还是要掌握一定的专业知识。所以，**在你因“为什么我总是改变不了？为什么我不能变得更强”而烦恼之前，麻烦你先认真地问问自己“为了达成上述目标所储备的知识是否足够”。**如果你能意识到原本需要100%的知识量，而你仅仅积累了5%的知识量，那就是一个良好的开端。

你所掌握的知识一旦出现偏颇，就会让你的思维固化。

---

1 繁体版书名。日文原版书名为《センスは知識からはじまる》，尚未引进简体版。下面的两段引文据日文直译，可能与繁体版有一定的出入。

“什么自我开发研讨会，感觉怪怪的。”

“从没听说过谁学习了神经语言程序学之后成功了！”

有的人总是抱有先入为主的固定思维。

在开始进行投资活动前，我也一直武断地觉得“没通过劳动而获得的金钱是不干净的”。但是通过各种学习后，我逐渐认识到，今后人们会越来越长寿，人类将进入长寿时代，应该以更长远的眼光去看待劳动所得与资本所得的平衡关系，以及以更长远的视角去构建人脉资产、健康资产等。

知其然，也知其所以然。能将各种事物的结构体系搞清楚，并作为知识储备起来是很重要的。我们只有这样做，才能具备从不同角度审视事物的眼力和能力。

单凭掌握渊博的知识，就可以让你的思维方式发生变化。为了达到这个目的，希望大家能够敞开胸怀，与平时不怎么接触的人、书、社区等多多接触吧。

Chapter 03

第三章

尝试新体验

行动改变，价值观就会随着改变

在第二章，我着重讲述了灵活运用知识，控制住感情用事的自己，让自己逐渐变成雷打不动的强者的方法。

从第三章开始，我将以神经语言程序学为中心，对成为“全新的自我”的技巧及掌握该技巧应具备的基础能力进行详细讲解。

我重复一遍，在逐渐成为“全新的自我”“强大的自我”的过程中，是不需要制定明确目标的，只要“自己的任何一点与现在不同，发生了新变化”就可以了，用英语表述就是“Be Something New”。

举个例子，你思考的维度应该是 5 年后、10 年后你所从事的工作会与现在完全不同，或者说你的朋友圈发生了根本性的改变。你甚至可以把目标设定为“成为目前的自己根本无法想象的全新自我”。

“你为什么敢如此断言呢？”如果你对此仍然持怀疑态度，那就请你往前翻阅，回顾一下第二章概率论的内容。

的确，不排除有的人可以在维持现状的情况下感受到幸福。不过，从概率论的角度来看，**不执着于现状，能让自己的状态持续更新的人获得幸福的概率更高**。

基于这个前提，我们来思考一下到底什么是“全新的自我”吧。

英语中的“be……”其中一个意思是“是……”，属于自我认知维度，它很难一下子改变。

图 3 是在神经语言程序学中经常被使用的神经逻辑层次模型，

通过五个层次[1]反映出人的意识。这个模型最下面一层是环境，环境的上面是行动，行动的上面是能力，能力的上面是信念与价值观，信念与价值观的上面是身份，也就是自我认知。

我们把这个模型简化后，原来的五个层次就变为行动、信念与价值观、身份三个层次。“全新的自我”，代表着最上面一层的“身份”改变了。为了改变身份，就要改变信念与价值观。

思维方式是由过去体验的“刺激强度 × 次数”决定的，所以为了改变信念与价值观，需要采取新的行动，也就是说不管怎样，都需要尝试着去做一些新的事情。

也许有人会问：“只要是新的尝试，无论做什么事都行吗？”可以说，只要不危及人的生命安全、不触犯法律，做什么都可以。

这种积累可以一点一滴地改变自己的思维方式，最终改变自我认知。

---

1 神经逻辑层次有六个层次，分别是环境、行动、能力、信念与价值观、身份、系统，作者引入本书时省略了“系统”。

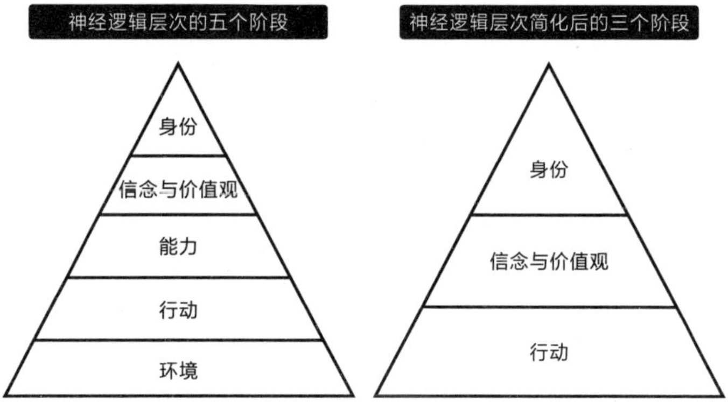

为了改变身份，即改变自我认知，就要从改变信念与价值观开始着手。思维方式是由过去体验的“刺激强度 × 次数”决定的，所以为了改变信念与价值观，需要采取新的行动。

图 3　神经逻辑层次模型

你可以尝试去一家从未去过的拉面馆，也可以给平时从未道过辛苦的合作伙伴买一束鲜花，还可以尝试比平时早一个小时到公司上班，或者去看一场从未接触过的某类型电影。

什么样的行动最容易改变自己的思维方式和价值观，我在后文会详细讲解。只要能给自己带来新体验的事情，原则上都可以。

准备好土壤，及时抓住契机

能时常意识到采取行动，愿意定期接受持续性的新刺激，人的大脑中就可以培育出容易接受变化的土壤。

人不可能做一两件事就马上改变自己；人在发生变化时，不一定都是以某个点为契机的。

重要的是，我们能否养成自然而然地接受变化的习惯。

越是思维方式相对固化的人，越应该在平时注重翻松自己那块土壤。只有做好这样的准备，当那粒“变化契机”的种子落下时，它才能在你那块土壤里生根发芽。

如果没有平时的这种准备，当契机好不容易降临时，你会由于自身传感器的迟钝而感受不到那是一个机遇，或因反应过慢而与良机擦肩而过。

举个例子。在一次公司经营者聚餐会上，有人把一个之前一直秘而不宣的巨大商业机会的话题放在了台面上。

那些赶在潮流的前端、强大的经营者，对于这类话题往往敏感度极高，他们会凑过去问："能否再多告诉我一些细节呢？"

那些一心只想守住既得利益的保守型经营者，往往只是冷眼旁观，他们的态度表明"这种事无法打动我的心"。

当然，不去迎合那些关于赚钱的话题，对自己正在从事的事业抱有一种自尊心，这也是可以理解的。不过，在当今时代，能事先把握住商业环境的变化肯定不会吃亏，我们没必要去抵触类似的话题。

我们不妨客观评价一下这样的经营者：与其说他们自尊心强，不如说他们对现状有一种执念。

在我主办的“绝对达成社长会”里，聚集着抱有各种目的的公司经营者。面对他们，我所做的事情特别简单明了，那就是“肆意发号施令”。

当然，那些会员都是“一方统帅”，都有自己的一套做事方式和价值观，平时很少有人强迫他们做什么。

我会要求这些社长做一些“比较棘手”的事情。

“您能负责一下晨会签到处的工作吗？”
“希望您在下周前把参会者名录做好。”
“想请您做一下这次活动的策划。希望这个策划能让福冈会场沸腾起来。”

有的人张口就说“做不了”“太难了”，直接表示拒绝。这就是思维方式已经固化的人的典型反应。他们根本不会深思熟虑，**一开始就已经做出了“不能”“不做”的决定。**

很显然，他们头脑中那块接受变化的土壤已经变得坚硬无比了。不经常使用的思维，突然想使用，便没那么容易了。他们连想都不想，就一口拒绝那些难得来临的契机。那真的非常可惜。

张口就说“这个我做不到”，这种只选择符合自己感觉的选项的人生观，可以说只能让你度过被思维方式锁定了的人生。你完全没有机会再成为新的自己、强大的自己。

我们回顾一下孩童时代就会明白，无论是谁都曾拥有过率真且灵活的想法，随着成长环境、职场环境的不同，个体的思维方式逐渐形成了特点，土壤也在逐渐变硬。

我的作用就是让大家把自己那块土再翻一翻、松一松。

三种优势感觉类型，你属于哪一种

在这里，我将告诉大家具体采取哪些行动，才能更容易让自己的思维方式产生变化。

我们人类的类型千差万别，不可能不管不顾地给些刺激，期待所有人都能产生相同的效果。那么，都有哪些类型的人呢？

把人分为不同类型的标准多如繁星，比如不同性别、不同文化背景、不同社会地位、不同血型等，神经语言程序学理论按照“优势感觉”或者 VAK[1] 来划分人的类型。

---

1 VAK：即 Visual Auditory Kinesthetic，通常译为“VAK 模式”“VAK 学习理论”等。

在视觉、听觉、触觉、味觉、嗅觉五种感觉中，哪种感觉最强因人而异。其中，灵敏度最强的那种感觉就是你的优势感觉。

触觉、味觉、嗅觉三种感觉统称为“体感[1]”，所以人的优势感觉分为视觉（Visual）、听觉（Audible[2]）、体感（Kinetics[3]）三大类。这就是 VAK 分类法。

决定人的思维方式及价值观的是外界刺激的强度及刺激次数。如果针对反应灵敏的感知器进行刺激的话，冲击力就会更强一些，所以事先了解自己的优势感觉（至少要有这种意识），就能简单而有效地改变自己的思维方式。

我把视觉型、听觉型、体感型的特征总结一下，请大家判断自己属于哪一类。我要事先告诉大家，人是很复杂的，并不是每个人都能与这三种类型中的一种完全对应。也许有的人会说

1　体感：又称躯体感觉，是触觉、压觉、温觉、痛觉和本体感觉（关于肌肉与关节位置和运动、躯体姿势和运动以及面部表情的感觉）的总称。本书对体感范围的划分与常规划分有出入。

2　Audible：原书拼写错误，应为 Auditory。

3　Kinetics：原书拼写错误，应为 Kinesthetic，通常译为“操作”，为了尊重原文，本书由原文直译为“体感”。

“我好像视觉最强，但听觉也挺强的”。没关系，大家只要知道人的优势感觉是组合作用的即可。

1. 视觉型（V）

视觉型最大的特点是对视觉信息的感受性特别强。

比如，我本人的视觉就比较灵敏，所以当客户企业的店铺装修或者公司宣传手册稍作变更时，我就能马上意识到。办公室里多了几株观叶植物，之前贴得整整齐齐的展示板上的宣传页凌乱了一些，等等，都逃不过我的眼睛。

并不是我提高警惕去特意观察，而是我的大脑对于视觉的刺激更容易做出相应的反应，所以我才察觉到了。

一些女士时常抱怨：“我剪了头发，改变了化妆方式，我丈夫（或男友）竟然没有发觉！”这令她们非常不满。也许你可以把这种现象理解为你的另一半并不属于视觉型的人。

视觉型的人还有一个特征：**善于在头脑中以图像模式抓取事**

物。所以，一个人是否属于视觉型，可以通过他平时使用的语言做出某种程度的判断。

“我心中的形象是……”

“希望你能描绘一下……”

“我看不到整体的样子。”

经常使用这些说法的人，可以说是视觉优势倾向较强的人。而且，不断强调愿景的经营者也属于视觉型。有个普遍的现象，在经营者中，视觉型的人占比较大。

视觉型的人的缺点是说话时发散性强，容易跑题。这主要是因为他们头脑中总是存在图像式的东西，而欠缺我接下来要说明的听觉型所具有的素养（理论性），所以就会发生有时难以将图像转化为语言的问题。

如果你自认为属于视觉型的人，那么我推荐的刺激方法是“去看美丽的风景”“去看高规格的画展”等形象类刺激，或者“畅想一下美好的未来”等幻想类刺激（内在体验）。

我从学生时代起就喜欢读宫本辉的小说，他所有的作品我几乎都读过。特别是对他初期的被称为“河流三部曲”的《泥河》《萤川》《道顿堀川》，我更是爱不释手，每一部都读了好几遍。

我之所以特别喜欢他的作品，是因为阅读他的作品时我的眼前会呈现出故事中的场景，那些登场人物的一举一动仿佛一幅画一样清晰可见。大概属于视觉型的人一旦接触宫本辉的作品，就仿佛化身为登场人物本身，能看到他们所看到的一切，头脑中会不自觉地产生各种生动的画面。

2. 听觉型（A）

听觉型的人最大特点是逻辑性强，我所从事的咨询工作中的很多人都属于听觉型的人（我属于视觉和听觉两方面都比较强的类型）。

如果视觉型是绘画型，那么听觉型就是音乐型。在画一幅画时，或者欣赏一幅画时，从哪个部位开始画，从哪个角度去欣赏，你可以自由选择（所以话题容易发散）。而音乐则不同，音乐具有固定的顺序和流程，否则很难形成一首完整的曲子。

对于逻辑来讲，顺序当然很重要，**听觉型的人善于将各种理论按顺序叠加起来，从而形成“因为这个，所以才有那个结果”的思维方式**。

因此，听觉型的人总的来说属于精准型的人。以前听一位大学老师说过“数学家中有很多人喜欢音乐”，我想这不是偶然的。

听觉型的人当然可以多听听音乐，并且由于他们擅长处理灵活变动的信息，所以多接触一些商务类、实际业务类等体系化的知识，也会对大脑产生良好的刺激。

听觉型的人真心喜欢纯文学作品的恐怕不多。“什么探求人性之类的，搞不清楚。为什么那个人会变身成虫子？真难以理解。”“明明他们的婚姻原本就是一个陷阱，为什么他还要杀自己的妻子呢？主人公的行为简直就是犯罪，他的那种以自我为中心的自白实在让人看不下去。”他们中的多数人往往会这样分析，而不能沉浸于故事情节中。

从这一点来看，他们应该可以欣赏工学博士森博嗣所著的推理小说《全部成为F》。在令人愕然的结尾处，作者用极具逻辑性的思维解开了所有的谜团，而且一气呵成。可以说这是一部逻辑性强的人也可以玩味的名作。

3. 体感型（K）

体感型的人可以说是感性的，与其说他们用脑思考，不如说更重视用整个身体来感觉。

当你对某项运动很熟悉后，你往往不是靠理论而是靠身体的记忆来做该项运动，这最符合体感的范畴。诸如“总觉得还不错”“觉得不太符合”“心里觉得翻腾”等表现人的内心状态的一些感觉，在这里也称为体感。在商务领域，体感型的人就是指那些比起逻辑思维更重视直觉与感性的人。

顺便说一下，神经语言程序学中有一个叫“Eye Accessing Cues[1]”的理论，该理论根据人眼球的活动来判断一个人是属于视觉型、听觉型还是属于体感型。

---

1 Eye Accessing Cues：直译为“眼球解读线索”。

比如，当有人问你“昨天早上你吃的是什么”时，你的眼睛往上看，你就是视觉型；横着往侧方看，就是听觉型；往下看就是体感型。换句话说，体感型的人是在问自己的身体。

当然，这个理论只是表明某种优势感觉倾向明显，并不是绝对的。毋庸赘述，我们不应该只凭某人的某一个举止就判断其优势感觉是哪一种，但凭经验来看，那些感性的人或重视感觉的人在考虑事情时确实是一边“嗯……”一边往下看的人居多。

比如，面对一个体感型的人，我向他很有逻辑地阐述“之前发生过什么，出现了这样那样的情况，所以你这么做比较好”时，他的反应往往是：“哦？”然后他边说着“嗯，是这样的……”边问自己的身体。沉默片刻后，他开始说：“总觉得好像不太对。”“也许是这样吧。”他的回答多是感性的。

实际上，这种体感型的人在经营者中也存在。他们一般凭自己的感觉说话，所以重视逻辑性的听觉型的人恨不得直截了当地追问：“你到底在说什么？”

但是，这并不是坏事。因为他们很注重感觉，所以有些人可以去进行各种挑战，有些人比起理论更注重人情，因而受到员工的爱戴。

体感型的人比较感性，所以外出旅行、品尝当地美食、给予故事性的刺激比较有效，还可以阅读一些文学性比较强的作品。

不用理论去解释，而是依靠身体的自然反应，是体感型的人的特点。

类型	主要特征	推荐的刺激方法
视觉型（V）	· 对视觉信息的感受性强 · 对于视觉刺激，大脑容易反应 · 说话时发散性强，容易跑题 · 当被提问、处于思考状态时，眼睛看向上方	·“去看美丽的风景”等，给予大脑形象类刺激 ·“想象美好的未来”等幻想类刺激 · 建议阅读情景感较强的作品，比如宫本辉的作品
听觉型（A）	· 逻辑性强，擅于运用多重理论 · 重视顺序 · 不会真心喜欢纯文学作品 · 当被提问、处于思考状态时，眼睛看向横侧方	· 因擅长处理灵活变动的信息，可多接触商务类、实际业务类知识 · 建议阅读森博嗣的推理小说等
体感型（K）	· 比起大脑如何思考，更重视整个身体如何感觉 · 比起逻辑思维，更重视直觉和感性 · 当被提问、处于思考状态时，眼睛看向下方	· 外出旅行，品尝当地美食，给予故事性的刺激 · 建议阅读一些文学性比较强的作品

表 2　三种优势感觉类型汇总

优势感觉会因环境而变化

我在前文提到，人的优势感觉是组合作用的。但这并不是先天不变的，**会根据人所处的不同环境慢慢发生变化**。

请大家回忆一下，神经逻辑层次模型的最下层是环境，环境才是形成身份的基础。对人影响特别大的是家庭环境和职场环境。

比如，如果你从事服装行业，你不光注重自己的服装，对街上行人的服装也会格外留意，于是你的视觉会不断被强化。

这种现象在神经语言程序学中被称为“焦点化原则”。如果你的意识集中在某种事物上，就会在无意识间竖起一根“天线”。

有的人学生时代属于重视感性的体感型，但进入社会后从事了财务类工作，就变成满嘴都是“数字就是一切”的人；从事了白领工作，很自然地需要理性思考的场景越来越多，于是听觉技能被不断磨炼与提升。

反之，一位职业女性因结婚生子成为家庭主妇（我的妻子就是这样的），原本是听觉型，组建家庭后，体感倾向逐渐增强。她转变的其中一个理由是，在育儿方面，不能纯靠理论来解决。

“你今天为什么心情不好啊？”
“你最近笑的次数比过去多了，这是为什么呢？”
一位职业女性如果整天琢磨这些事，理性思考能力就会逐渐潜伏起来，而感觉传感器被磨炼了。于是，她在育儿方面变得有条不紊。人如果处于不太受时间约束的环境中，使用逻辑思维的情况就会减少，以前不那么热衷的午间电视连续剧变得很爱看了（当然，这只是针对一般情况而言）。

体验自己不擅长的事情，使刺激达到最大量级

商务领域存在各种各样的人，有的人凭感觉判断事物，有的人靠一些理论或理由来进行决策。

你如果能了解优势感觉因人而异这一点，当你在处理各种复杂的人际关系时就可以保持冷静。这样，你距离不动摇的自己、强大的自己又近了一步。

你如果了解自己的优势感觉，应用起来就会得心应手。

刺激的强弱，会因每个人的优势感觉不同而发生变化。**你如果能时常意识到自己的优势感觉，便可以自我调整刺激的强弱。**

越是自己习惯的行为中没有的体验，产生的刺激越强。

一年多前，我还不擅长做冥想，如今我早已习惯了。一些全球化企业为了提升员工的感情控制力，都在积极地引入和推广冥想，并开展各种研修活动。我的一位朋友是这方面的专业指导员，在他的推荐下，我试着练习了好几次，但不知何故，我总是难以真正地钻进去。

进行冥想时，需要将注意力集中在手掌、足底和丹田处，并意识到自己的每一次呼吸，就此让自己的心情平静下来。但此时各种杂念总是不时向我袭来。

“我的客户此时不会给我发来邮件吧？”

“那篇专栏文章刚刚写好，还没来得及推敲，什么时候才能有时间呢？”

“几个大企业都引入了冥想，是因为他们都是互联网企业吧。制造业厂家的员工进行冥想，不知道效果会不会一样，该怎么去确认呢？”

我的头脑中各种各样的想法时而浮现出来，时而又消失了，形成各种思维噪声，使我的冥想总是做不成功。到了最后，我甚至开始思考："我怎么做才能消除这种思维噪声呢？有没有什么好办法呢？"我竟然在冥想途中开始思考起解决办法。

有意识地调身（调整姿势）、调息（调整呼吸）、调心（调整心态），反复做深呼吸，是冥想的基本要素。

我之所以无法让注意力集中在身体的"感觉"这种不能语言化的抽象事物上，大概就是因为我不属于体感型的人吧。

但正因为这样，我这种类型的人更应该强迫自己去做冥想，这才更有意义。不难看出，冥想对于我来说是较强的刺激。

在此，我并不想讨论冥想有效还是无效，我只想告诉大家，**故意去体验自己不擅长的事情，会获得更大的刺激**。这样做对于增强变化耐性十分重要。

因此，你如果习惯于选择符合自己优势感觉的新事物去做，不妨故意选择一些不符合自己优势感觉的事物去挑战一下，有时效果很好。

比如，“总是凭感觉活着”的你去尝试学习记账，能体验到好事多磨的感觉。你大概会经历一段比较痛苦的过程，每次去学校都要与那些对数字极其敏感的同学进行交流，就算你说“资产与净资产这两个概念那么接近，真容易搞混”，恐怕也没有几个人会产生共鸣。

有意识地让自己处于不太习惯的环境中，给自己一些刺激，你会发现一些之前从未想过的东西，会意识到“原来有时候有必要追求这么缜密的数字”。于是，你的思维方式就这样开始改写了。

可能很多人都搞不清楚自己到底应该挑战些什么。是不是只要是不习惯的事，做什么都行呢？不是的。我建议大家以自己的优势感觉为突破口，捕捉事物的本质，以自己喜欢的方式来享受各种变化带来的乐趣。

像我这样的听觉型的人，如果用第二章提到的知识武装起来的话，就比较合适。对于一讲到逻辑、结构之类的理论就感觉有点儿摸不着头脑，难以理解的人，我建议他们进行一些非言语化的体验。特别是那些需要把人的五种感觉全部运用起来的体验项目，更能给这些人带来较强的刺激。

外在体验与内在体验

体验，其实是感觉与直觉给予人体的一种概念，分为外在体验和内在体验。

所谓外在体验，是指“当下”这个瞬间，在“这里”，“我”正在进行的体验本身。对于读者朋友来讲，你现在正在阅读这本书，这就属于你的外在体验。

关于外在体验，请你先记住“当下”“这里”“我”这三个词。这个体验一定在自己的“外侧”。

内在体验，是指自己头脑中思考的、无意中想起的所有东西。

与外在体验不同，它是自己“内侧”的一种体验。

假如我们现在坐在一列奔驰着的电气火车上，以“当下”“这里”“我”三个词为切入点，我们当下眺望列车窗外的风景属于外在体验。如果你貌似在眺望窗外的风景，实则脑子里想着其他事情，就属于内在体验。

“昨天，我跟领导说话时语气太冷淡了，他会不会在意呢？”
“今天的商务谈判真让我紧张，如果成功的话，就可以达成这个月的指标了。”
“孩子明年就要从学校毕业，步入社会了，不知道他能不能适应社会。”

不管是积极的还是消极的内容，不管是过去的事还是将来的事，所有自己内心感受到的东西都属于内在体验。

回忆起与朋友吵架的情景，你仿佛又听到了他的声音，看到了他的表情，此时你的内在体验又加深了一层，换言之，给予你的刺激又加强了。

我在前文提到过冥想，把注意力集中在自己身体的感觉和呼吸上时，你处于外在体验状态；但当你的大脑开小差，去想过去的事、未来的事时，你就处于内在体验状态，那么你的冥想就中止了。

恐怕很多人已经意识到了，人类几乎常常处于内在体验状态。人生的 90% 被内在体验所占据，能够去体验当下发生在我们眼前的事情的时间只占 10%。

由过去体验的“刺激强度 × 次数”所形成的**我们的思维方式，只要通过改变内在体验，就可以发生改变**。

从对人的刺激强度来看，总体来讲外在体验的刺激性比较强，但人们总是会反反复复地回味内在体验，在大脑中反刍。

为了让自己变得强大，或者说为了增强自身的变化耐性，平时我们就应该注意做一些新鲜的事。

像我这样凡事喜欢讲个理由、问个原因的人，即便光是读书这件事也能给大脑带来较强的刺激。但如果你不属于我这样的人，那么请积极地尝试一些其他新的活动吧。

我们要通过自己“外侧”的体验，给自己的思维方式一些良性的刺激。尤其是那些敏感的人、体感型的人，我更要这么建议。

消极想法总是不自觉地追赶过来

有的人，所有的道理都明白，就是无法转化成行动。他阅读了各类书，听到了各种各样有益的说法，“确实说得有理，真是这么回事！我自己一定可以发生改变……”他虽然说了这么肯定的话，但一旦要开始采取某种新的行动，身子就立刻变重了，怎么也下不了决心。

问题出在哪里呢？

这绝对不是什么性格问题。

这些人的脑子里总有各种各样消极的想法在不停地打转。无论怎么抵抗，怎么逃避，消极的想法总是如影随形地跟随着自己，不以自己的意志为转移，它们仿佛甩不掉的跟踪狂一般。

我过去也频繁地出现这种情况。

“为什么就我自己总是那么倒霉呀？”
“什么事都不顺利。”
“那个人的那句话真的很让我受伤。”

我的人生并不是一帆风顺的，自然会有各种各样的烦恼。这些这样那样的烦恼，属于我的内在体验之一。

我以前试过一种方法。当我又开始胡思乱想，大脑中满是消极的念头，令我痛苦不堪时，我就用手猛拍一下我的大腿。我希望借助这种肉体的疼痛让我的思绪回到正轨。

有时无论我怎么使劲拍打大腿，都无法阻止我的消极思维。有时我太过用力拍打大腿，疼得都走不了路了，但还是无济于事。想单凭自身的意志去对抗已经形成的思维方式是不太可能的。

外在体验与内在体验的决定性区别在于选择该体验是否出于自己的意志。

两种体验都有可能与自身的意志无关。二者比较起来，**外在体验更容易反映自己的意志**。当你内心并不想做的时候，你可以选择不去做。

内在体验却不同。有时候，虽然你内心很不想那样做，却在无意识中进行体验了。

假如你不喜欢你的领导，你都不想跟他说话，想尽量躲着他，别遇到他，也许你可以做到这一点。虽然你避开了“当下”“这里”“我”的外在体验，却有可能被某件东西、某件事、某个人、某句话唤起你前几天被那位领导训斥的记忆。

无论你怎么抵抗，你的那段记忆都会在大脑中涌现出来，并且还会连锁地引发未来的内在体验。

“今后，我跟这位领导不可能相处好了。”
“在下周的会议上，他会不会当着大家的面点名批评我呢？即使再怎么样，他也不至于这么做吧？不过，我听说过去曾有其他同事遭到他这样的对待。没准儿他真干得出来……”

像这样，从过去到未来，再从未来到过去，各种各样的想法在脑子里毫无规律地随机冒出来，“当下”“这里”“我”持续地体验着或有或无的事情。

当然，它不会像真正发生在眼前的事情那么鲜明，对人的刺激性相对较弱。但是，**这种追逐式的体验会对人产生反复刺激，可以让人的思维方式在短时间内固化。**

人的思维方式会因某种输入（刺激）而自动输出（反应），所以一旦思维方式形成以后，很难靠自己的意志改写。

因此，我们靠自己的意志重复进行刺激性很强的体验，让思维方式逐渐发生改变，这是很重要的。

利用意志，率先进行未来的体验

强大的人，指的是那些可以用意志控制自己的感情的人。

意志力弱的人，不受自己意志的控制，而是被自己过去体验的“刺激强度 × 次数”所形成的思维方式操控。

假如我们不靠大脑的自然反应来判断事物，而是巧妙地利用自己的意志，是可以锻炼意志力的。

不被眼前的体验（外在体验）所摆布，在采取行动前，我们先想象一下采取该行动后可能会产生的结果，试着进行一下体验（内在体验）。

类似于“明明知道，却总是做不到”的事情，试着去实际做一下，会是一种什么样的体验呢？先试着想象一下。

比如，医生不让你吃甜食，可当你看到美味诱人的蛋糕时，你就想买来吃。如果你每次吃完蛋糕都会陷入深深的自责中，那就把未来的体验先拿到现在吧。

如果你只是想象一些词汇的话，还称不上是体验。把吃蛋糕的每个细节都细想一遍，连蛋糕进入胃里使胃部变沉重的感觉也细细体味一番，你会发现，你还没买蛋糕，你的脑海中就出现了“我为什么又吃了？”“我又输给自己了”这样的自责的想法。

我也有同样的经历。以前我的身体很弱，我知道应该去锻炼身体。腰痛经常困扰着我，我也知道定期散步对我比较好，但就是很难付诸行动。

现在，我每月跑步 100 千米，再加上其他健身方式，我的身体变得非常壮实，一年都不得一次感冒。我经常乘坐飞机或新干线在全国各地活动，有时一连几天做培训，仍然感到干劲十足。

作为经营者，熟人多了以后我经常会接到假日高尔夫和交流会的请柬。以前，我会不假思索地答应，因为觉得“既然人家邀请我了，我就不能拒绝”。但现在不同了，我会冷静下来思考一下，再想象一下未来，先行体验一下如何选择会更好。（不是光用语言去思考，而是事先在头脑中体验一下，提前感受一下未来的感觉。）

为了辅导孩子的学习，还是留在家里比较好。我原本想着每月看望父母一次，虽然父亲一见到我就一直发牢骚，但还是保持这种回家的规律比较好。做出这样的判断后，我拒绝别人邀请的次数就随之增加了。

与外在体验不同，只要你有自己的意志，内在体验随时可以在脑子里进行。通过这种体验，你可以把自己的行为调整到你更加期望的方向上，以此增强自己的信心。

自我开发能够产生追加体验的外在体验

希望大家一定要记住内在体验与外在体验的关联性。虽然外在体验有可能经历一次就结束了，但它对人产生的刺激性很强，而且一般来讲，很有可能让人自然而然地反复回忆起来。回忆这种行为属于内在体验。

比如，我以前曾尝试做一些从未做过的事情，于是和一群企业家一起策划了一个叫作“挑战瀑布”的活动。我们觉得这样的活动只搞一次恐怕不能充分体验它的乐趣，于是组成了一个一年实施 4 次“挑战瀑布”活动的旅行团。其中一次，我们来到了位于神奈川县的酒匂川支流产生的一处瀑布下面，进行“挑战瀑布”的活动。这次活动给予我的刺激，让我始终难以忘记。

我是一个理性思维很强的人，对于“被瀑布击打 = 意志的锻炼”这种说法，我总觉得道理讲不通，不符合逻辑，所以从心理上有些接受不了。

我之所以强迫自己去参加“挑战瀑布”的活动，是因为我想增强自己的变化耐性。作为一种“从未做过的事情”，我觉得这项活动是一种较强的刺激。

当落差 23 米的瀑布水流击打在我身上时，那种感觉仿佛是柔软的混凝土块落在了头上、颈上、肩上似的，实在是太刺激了！都过去一个多星期了，那种冲击力还一直留在我的头顶、颈部和两肩，我总是不自觉地回忆起当天的感觉。

“真够人一呛！不过，尝试过之后，感觉的确格外不同啊！”
“在被瀑布击打前的准备时间里，那种恐惧感真是超出想象！”

那时的情景与感觉，无论过了多久，都一直在我脑海中不断重演。换言之，强烈的外在体验可以自动生成几个内在体验。我觉得这种追加体验可以改变自己。

像这样，自我开发能够在之后产生追加体验的外在体验，是让自己变得强大必需的技能。

接受自己不擅长的事情，并做好充分准备

给大家介绍一件我一直留意的事情，那就是**故意去做自己不擅长的事情，并事先做好充分的思想准备。**

比如，在众人面前发表讲话这件事。在众人面前演讲一两个小时，即使有人突然提问，我也可以应对自如，但我不擅长两三分钟就得结束的简短发言。如何让听众的思绪得到很好的梳理，把自己要讲的内容总结得很完美，这对我来讲难度很大。

因此，每当需要做这样的讲话时，我都要做非常充分的准备。我会写一份草稿，用计时器测量一下我讲话的时间，会事先反复做练习。我会利用泡澡的时间或者走路锻炼的时间，发出声

音来练习，看自己能否在规定的时间内完成讲话，再检查一下我的讲话内容是否精练准确。

因为是做自己不擅长的事情，所以练习 5 次，其中能有一次让我满意就算不错了。正因为如此，成功的那次练习会在我的脑海中反复重演，成为让我非常愉悦的体验。

我们不光要做自己熟悉的事情，还要积极地挑战那些自己不太熟悉、有些犹豫不决的事情（我并不是在建议大家去尝试“挑战瀑布”活动）。

希望大家找到对自己来说刺激性很强的事情，再利用内在体验反复强化这种刺激。

即使发生了意料之外的事情，也能控制住自己的情绪，你的变化耐性就能确确实实地增强了。

积极的新体验与消极的新体验

什么样的新体验能增强变化耐性呢？让自己想避开的、消极[1]的新体验。

我们尝试做的这些事情几乎全部都是我们不习惯的事情。

比如，让从来不读书的人去读一本书，他肯定觉得不习惯。这也许成了他负面的、消极的、想避开的体验。

经常阅读商务类图书的人，偶尔去读一本历史书，虽然有点儿

1　这里的“消极”并不是指负面的、不利的、阻碍发展的，而是指不愿意做、想避开的。

不适应，但是不至于变得消极。况且，“以前从未涉足过历史书，也许会有什么新发现吧，没准儿还能获得业务上的灵感呢，所以还是充满期待地阅读吧”。如果这样理解的话，这就变成了正面的、积极的体验，得到了一种新的良性刺激。

我从未自己主动去过美术馆，但如果有人邀请我一起去的话，我很乐意。所以，类似这种新体验，我会积极地接受。

但是，如果有人约我一起去看偶像歌手组合的现场演出，我会感到很为难。虽然这是“尝试新事物”，但对于我这个将近50岁的人来讲，我会感觉去错了地方。

这时，如果为了增强自己的变化耐性，我还是想去体验一下的话，就会勉勉强强地一起去。此时此刻的新体验，只能用“消极”来形容了。

当然，比起让你感到愉悦的新体验，那些内心并不太想做的新体验会给你带来更强的刺激。

如果我去了偶像歌手组合的演出现场，和众多年轻人一起度过了开心的时光，在那之后，我也许会反复想起当时的体验。

内在体验会反复唤醒我的记忆，我会反复进行追加体验："都这个年纪了，还能去那样的地方，真不简单。""我总觉得周围的人都在盯着我看，现在想想还觉得难为情呢。"

对于从未做过的事情，我们一般不会在体验过后判断"太好了"或"太糟糕了"，事实上只会在事后反复回忆当时的情景。当然，如果你做了给别人添麻烦的事，或者与自己信念相反的事，那就错了。

选择与当下状态正好相反的新体验

在这里我要提请大家注意的是，没必要过度追求消极的刺激。

我过去就曾那样做过。我辞去了大企业的信息系统管理工程师职位，因某种缘分开始从事营销管理咨询工作的时候，真的艰难极了。那时我才三十五六岁。

我就像一个从未在餐饮业工作过的人，突然跑去从事支援餐厅、牛排店、寿司店、咖啡店等餐饮业务的工作，一切都靠摸索。我每天从早到晚干的都是内心并不想做的事，还要不停地学习，与从未接触过的岗位专业人士对话，每天都面临着各种消极的刺激。

我的身体健康每况愈下，家庭关系变得不和谐了，一直坚持从事的为智障者服务的志愿者社会活动也快坚持不下去了。无论是公司对我的期待，还是客户对我的希望，我都无法回应，真是陷入四面楚歌的状态。

这种时候，我即便想获得更多的消极刺激，也会因为已经习惯了这种刺激而产生刺激驯化现象，得不到太强的刺激。此时此刻，下决心做一些积极的新体验，反而会有效果。

当时的我，偶然参加了一个可以接触到国内的历史性建筑物的旅行团。那是一个可以游览位于神户的日本式与西洋式合璧的著名建筑物的旅行团。在妻子的鼎力支持和劝说下，我轻松愉快地独自参加了这个旅行团，心想：我也许能遇到什么好事吧。与建筑专业的大学生们所做的交流活动，令我想起了同样学习过建筑学的我在学校学习时的各种情景。

旅行结束后的交流会也进行得非常愉快。“说实话，多少年我都没能这么开心地喝过酒了！”“我有点儿乐不思蜀了！”连我自己都惊讶，我能这么坦诚地表达自己的感受。

能和一些有共同价值观、志趣相投的人谈谈话，体会到些许的幸福感，因此这次旅行对于当时那个干什么都干不好、净做些无用功、被戏称为“毫无业绩的咨询师”的我来讲，可以说是一个让我脱胎换骨的大契机。

它让我坐上时光机，穿梭到了对未来充满无限希望的大学时代，让那个时代给我注入了无限的能量。这真是一次有意义的旅行！

所以，你如果每天都处于一种窒息的状态，不妨选择“平时不做的令人爽快的事情”。你如果被重重失败包围，意志消沉，不妨选择“能体验到微小的成功喜悦的新事物”。总之，你要找一些与你每天体验到的感觉完全相反的刺激去尝试一下。

如果你每天都积累了很多压力和烦恼，那么我建议你去找一些积极的新体验。我不是让你做平时经常做的消遣项目，而是去尝试一些新的体验，去一些没去过的地方，接触一些没接触过的人、音乐、图书、时装等。

如果你每天都感觉不到压力，那就请你有意选择一些消极的新体验。消极的新体验并不是指那些自己生理上根本无法承受的事，而是指那些你一般不会去做，看上去会给你带来良性的刺激，却总是提不到日程上来的事情。

现在的我就是这样。因为我觉得各种事情都进展得挺顺利，所以我多半会特意选择一些平时不怎么做的新体验。

迄今为止我出版了 15 本书，作为一名专栏作家，在网上成了热点人物，所以我一度只出入那些高级餐厅，比如那些只限于欧美人才去的银座高级店，或者到没有企业家朋友的介绍就无法进入的高级餐厅就餐等。

大概是心气越来越高了吧，我逐渐对那些只有演艺界名人参加的会员制健身房产生了兴趣，并热衷于那些投资迪拜高档住宅的话题等，这些让我体验到过去从未有过的幸福。

从社会底层一步步走到现在的我，也有无限的可能性啊！有一段时间，我真的有点儿飘了。

可是，渐渐地，我出现了刺激驯化现象。无论多么美味的寿司，我都吃不香了。经人介绍，见到那些在电视上活跃的著名评论家，我只能体会到瞬间的快乐，之后能产生追加体验的那种刺激消失了。

原本在贫穷的家庭中成长，有一个整天在小酒馆里喝得烂醉的父亲，青年时代参加青年海外协力队，在中美洲工作过 3 年的我，却在这样的新体验中不会持续感到幸福。

人的思维方式是由过去体验的“刺激强度 × 次数”决定的。每个人的思维方式不同，是因为每个人受到外界刺激时的感觉不同。

现在我出差的时候，偶尔会住在胶囊旅馆，吃着在便利店买的盒饭，或者把一些户外用具带到商务酒店中，自己做拉面或咖喱饭吃。如果让我在偏僻地区的商务酒店那种能听到隔壁房间电视声音的房间里过一夜，我真的有些难以忍受。

放在以前，我不会有任何问题。大概是因为已经了解了奢侈生活的缘故吧，现在我的思维方式改变了。所以，有时我需要做一些消极的新体验。这样做，能造就不易被动摇的自己。

想向右走时偏向左，要朝下走时偏朝上。经常给自己一些持续的新刺激，**可以防止自己的思维方式变得僵化**。不断给予刺激，把纠缠在一起的思绪理顺，可避免总想维持现状的心态。

使变化耐性不减弱的方法

在挑战一些新事物的时候，不要做完就完事了，应该回顾一下做了的结果，感受一下其中有什么新的变化。这种回顾是不可或缺的。

比如，我一般参加学习讲座时，会特意选择比较严厉的讲师。从某位讲师的工作性质、工作经验来看，按理说我应该教他才对，但有时我告诉自己，偶尔也有必要化身为一名“被教育者”。

而且，不管对方是畅销书作家，还是在全国八大地区拥有会员的“绝对达成社长会”的代表，都能毫不讲情面地去面对的讲师，最令我佩服。一旦你有了一定的知名度，能对你敞开心扉、坦诚地批评你的人就变少了。“既然横山先生这么说了，那就这样做没问题。”我现在的头衔很容易让人这么想。

所以，遇到严厉的讲师对我说“您这样的水平就满足了，我只能说您实在是太懒惰了”“这个世界上比您厉害十倍、百倍的人多的是”，能令我记住那种很不爽的感觉。

说实话，这样的话很让我受伤，有时我甚至想“以后再也不来参加这个讲座了”。以前我在工作中几乎每天都会受到周围人的批评和指责，如今整天围绕着我的都是“真棒”“真了不起”“真不愧是……”之类的赞赏的语言。所以，听到这些让我不爽的话，我感到心都快碎了，但我仍咬紧牙关，坚持去听讲座。

那些能参加奥运会比赛的运动员，哪一个不是一边忍受着教练严厉的指导一边拼命锻炼的？**如果到了某一天，没有人再这样指导你了，那么你的变化耐性一定会减弱**。

过了 30 岁，到了 40 岁、50 岁，有了一定的社会地位后，在变化、成长方面，社会对你就没有那么强的要求了。

但是，长寿时代已经来临。我今年才 49 岁，可以说还没有走到人生的顶峰，如果此时就丢弃善于变化的习惯，未来的 50 多年实在令人担忧。

让人发生剧变的契机，有时会在意想不到的时候来临

如果变化持续下去，那么自己对于某个对象的解释及反应方式也会逐渐发生变化，这叫作修复。

刚出生的婴儿还没有形成思维方式，或者说他们的思维方式没有定型。一个人一旦形成了固化的思维方式，再想改变，就必须先让其变柔软。

所以，我们需要做一些对自己来说刺激性较强的新体验，对自己进行持续修复。我们如果能不断做一些让自己感觉到“这件事出乎意料地好”的新体验，就可以体味到人生的可选项增加了。

我主办的“绝对达成社长会”目前在日本有600多名会员。本经营者团体的理念是“向设定很高目标并努力达成该目标的企业家及商务人士提供援助，发展日本经济，为社会做出贡献”。本团体的主要活动是这样的：企业家们于早上7点在各地集合，“把想达成的那个很高的目标向自己的员工做演讲”，并付诸实施，身体力行。

我们所提供的环境，就是让企业家们感觉“一进入我们的会场，就浑身充满干劲……达成目标是理所当然的事”。

本团体刚起步时只有十几名会员，不知不觉已经扩大到较大的规模，仅分部就有8个。当然，我们的组织化程度也在不断发展，除了设立社长会理事、干事、志愿者等各个分工不同的职位，还衍生出“绝对达成跑步俱乐部”“绝对达成健身房”等俱乐部活动组织，形成一个结构复杂的矩阵式组织。

各个地域、各个行业的主要会员很自然地涌现出来，并且非常活跃。所有会员都发出了共同的声音：“真没想到我们作为企业的经营者，会被要求做志愿者组织的运营工作。”而且，几乎全体会员都认为“这是一次很好的体验”，都对本团体的运营方式予以肯定。

可以说，他们在一种机缘巧合下被赋予了新身份。这正是一个对自己进行持续修复的例子。

我有一位 30 岁出头的友人，他平时只是一名普通的公司职员，但他的副业是投资房地产，这使他拥有大约 3 亿日元的不动产资产。

虽然他接受了融资，但他白手起家，在这个年龄就能拥有 3 亿日元的资产，已经算是非常成功了。他有时会去做不动产投资的讲师。

搞不动产投资而获得成功的人不在少数，而我这位友人比较有趣的一点是，他原本是一个对金钱有过度洁癖，可以称得上与投资完全无缘的人。

具体的契机我就不在这里赘述了，总之他因一个偶然的机会掌握了一些对他来说刺激性很强的知识，改变了以往对金钱的偏见，又偶然掌握了投资不动产的技巧，从此一发不可收。所以，对他本人来说，这种经济上的成功并不是他特意追求来的。当然，他成功的一部分原因可能是他本来就有投资天赋，但是他如果对金钱的看法不改变的话，就不会想到去投资不动产。

类似这样的故事在我身边还有很多，故事的主人公都是由于一个偶然的契机，终于找到了能发挥自己优势的领域。但你如果没有有计划地去做些新体验的想法，就会与这些机遇擦肩而过。这正是“善用机缘论”的典型事例。

我还认识这样一些朋友，他们原本整天只想着赚钱这件事，当他们对世界上的贫困问题有了系统的了解后，他们开始热衷于各种慈善活动。

勤勤恳恳地上班也好，靠投资赚钱也罢，抑或投身于志愿者活动，这些其实没有好坏之分。重要的是，无论选择做什么，都是缘于某种契机，从而改变了自身的想法和言行，让如今的自己能幸福地度过每一天。

我也是如此。当初换工作时，我从未想过要成为著名的营销管理咨询师，或者要出版自己的书。我只是单纯地想：“只要不是现在的自己就行，总之，我想改变！”

在这个过程中，我历经艰辛，即使是自己不想做的事也硬着头皮去做，在努力中逐渐看到了成果，周围人给了我超出想象的良好评价。我想再向上发展，于是真的做出了更好的成果。不知不觉中，我已经走到了一个高度。

其实我对营销这份工作具有先入为主的看法，从学生时代开始，我就把它列为我不想从事的工作中的第二种。

顺便说一下，大概是因为我天生体质差吧，我不想从事的工作第一种是摔跤手，而营销工作紧排在摔跤手之后，位列第二，可见它是我多么不擅长的一项工作。就是这样一个我，现在却成为一名营销管理咨询师，给营销人员做各种指导。

对于这种剧变，其实最感到惊讶的是我自己。原来那么讨厌营销工作的我，现在却从心底觉得“如果再次投胎，还想继续从事营销管理咨询工作”，每一天过得都非常充实、开心。

契机是结果论，所以我们才一直追寻

一旦把尝试新体验作为一种习惯，它所带来的好处，除了能让你僵化的思维方式变得灵活，还能提高遇上让自己发生改变、变得强大的契机的概率。

“契机”这种东西，真是越琢磨越深奥。

比如，我在接受采访时，几乎每次都会被问及一个问题，那就是我那个不同寻常的履历。

“横山先生，您35岁前一直是信息系统管理工程师，这么说您没有过做营销的经验？”问这个问题的人总是呈现出有些惊讶的表情。

从社会一般认知的角度来说，能从事“×× 咨询师”的人，往往是在那个领域工作过，并且做出很多优秀业绩的人，他们从第一线退下来之后开始从事咨询工作。像我这样突然闯进一个陌生的领域，做出些成绩的人，确实很难让人理解。

一般人肯定还会问我进入咨询行业的契机是什么。

“您是因为什么样的契机，开始从事咨询师这样的工作呢？”

如果非要给这个问题找个答案，我会说因为遇到了神经语言程序学理论。但如果问我契机，坦率地讲，我不知道该如何回答才好。因为即便我回答了这个问题，对于读者来说也不具备再现性。

在这里，我必须强调一点。**所谓契机，就是在事物发展过程中以结果为导向的某个转折点。**

比如，你遇到了某个人物，或者你看到某个电视节目后受到了感动，抑或你生了一场大病后人生观改变了，这些转折点其实都是偶然的。

所以，从原则上来说，契机并不是刻意去找就能找得到的。

我并不是一当上咨询师就做出了成绩，有了好的结果。过去，我曾经做过不少无用功，走过不少弯路。

如果能触及这些事实的本质，把这些事实写到采访稿中，我很愿意回答采访者的问题。但如果面对那些只是单纯地想写一些让读者做参考的文章的记者，我觉得回答“寻找改变自己的契机这个行为就是契机”是最确切、最坦诚的了。

这个世界上不存在“如果做了这个，你马上就可以改变”的捷径。但是，确实有“更容易抓住变成全新自己的契机”的方法。这一点我可以非常自信地告诉你。

探索过往契机：起决定性作用的基本上都是细节

在这里，我想让大家做一个简单的练习。请大家回忆一下：你成年后，使自己发生变化的时机有哪些？

大河不可能流淌成一条直线，一般的河流都是弯弯曲曲的。与此相同，我们的人生几乎也没有用直线画就的。

使自己发生变化的契机总有那么几种情况，我们不妨来分析一下。这样做了之后，我们就能找到让自己僵化的思维方式变灵活的契机。

请回首看一看自己的过去。你肯定在某个时点体验过人生的转折，找到那个时点之后，我们来做一个客观的分析。

请你至少写出三个人生转折点，多细小的事都没关系，比如以下这样的内容：

> 上小学时我喜欢踢足球，从初中开始，我一头扎进篮球队。高二时，我离开篮球队，当上摇滚乐队的贝斯手，在文化节时登台演出。高中毕业后，我想当个音乐家，4 年间都是自由职业者。在 22 岁时，我进入印刷公司从事销售工作。

接下来，再写一下为什么自已能发生这么大的变化，契机是什么。

> 我为什么放弃足球，想去打篮球……想来是因为初中时的足球队的高年级学长太可怕，所以和朋友一起转到篮球队去了。
>
> 我很喜欢篮球，可我在一场比赛中受伤了，所以好几次都没能参加训练活动。在几位好朋友的邀请下，我开始了并不是那么感兴趣的乐队活动。
>
> 我之所以去印刷公司就职，只是因为我的钱都花光了。当

时父母和正与我交往的女朋友都曾劝我离开乐队，但我听不进去。直到车子坏了，我想换辆新车却没钱，所以决定开始工作……

回头一看我们就会明白，改变人生轨迹的几乎没有什么惊天动地的大契机。一些小契机却让人做出了“能改变河流流向”的比较大的决策。

在这里想提请大家注意的是，电影或小说中出现的那些富有戏剧性的契机，并不一定能改变自己。

下面我们一起来思考一下：能让自己的思维方式发生变化的刺激到底有没有规律？

我之所以离开足球队，选择去了篮球队，除了因为足球队的学长太严厉，让我很不爽，还因为我更喜欢篮球队的制服。

我之所以决定加入摇滚乐队，是因为我特别喜欢该乐队的标识。其实当时还有其他乐队邀请我加入，我感觉起到决定性作用的还是那个队徽。

我之所以选择了印刷公司，是因为在几个候选公司中，该公司的主页设计得最棒。我感觉那家公司的员工看上去都很年轻，女性也多，大家工作时都很愉快。我看重的并不是待遇，而是整体感觉。

做出重大决策时的理由，其实在事后可以加以粉饰。

比如，我参加青年海外协力队，归国后去日立制作所当信息系统管理工程师，后来转换工作，成立咨询公司阿塔克斯销售集团，都可以找到冠冕堂皇的理由。

但是，你如果深度挖掘一下“下决心的理由”，就会发现，往往一些细微的事情最终成为契机，只是在于你能否看透它。

凭借意志和实力改写了自己人生的人，没必要再去考虑如何让自己强大的问题。当初我为什么能下了那个决心？为什么我走到了这条路上来？这些问题的答案自己心里应该是最清楚的。

想让自己变得更强大，想获得不因些许事情就动摇的精神力量的人，一般都不属于能靠自己的意志而改变自己人生轨迹的人。正因为如此，这些人才更有必要深度剖析自己。

你如果能通过自我分析，形成几种契机模型，再有意识地精选对自己刺激较强的新体验，就可能提高与契机相遇的概率。

而且，你如果能够以逻辑思维去分析事物，就会发现自己的想法发生了改变。“以前我是那么想的，没想到事情原来是这样的。”你变成了一个全新的自己。这无疑会增强你的自信。

顺便说一下，契机并不是一个点，它几乎是像雪人一样一点点堆积起来、逐渐变大的东西。请大家一定要记住这一点。

最初它是一个小点，到一定时候就会变成一个球体，随后那个球体会变得更大，最终会变得像一个雪人那样大。

实践证明，几乎所有的变化都源于某个人的某一句话，因这一句话受到启发的人开始尝试着做一点新事情，然后以这件新事情为契机，获得了成功的体验。这个成功体验又让他与其他人结缘，于是又和这个人一起开始尝试一些新事情，又获得了以前没有过的成功体验……

如果你能试着分析这种连锁反应，对你会有很大帮助。

构成契机的要素

我觉得如果把契机做一下分类，看看具体都有哪些类型，这对于想分析自己契机的人是具有参考价值的。

我首先把构成契机的要素挑选出来，大家可以理解为实际上的契机就是由这些要素组合而成的。

当你对使自己发生变化的契机进行自我分析时，你如果能分析出与什么样的要素关联性强，就可以提高分析的精度。

比如，一位朋友想帮助你，他告诉你："想改变自己的话，还是得去旅行。"但旅行的方式太多了，你可能还是不清楚到底该怎么做。

你的目的是什么？想进行消极的体验还是积极的体验？想感受哪些刺激？和具有哪种优势感觉的人一起旅行？在什么时间节点去？会参与一些什么样的活动？这些要素不同，你与契机相遇的概率也不同。

有的人适合在安静的环境中审视自己，与自己的契机相遇；有的人只有进行一些需要动手操作或运动型的体验后才能找到自己的契机。这因人而异。

1. 人的要素

- 家人及亲属（父母、兄弟姐妹、配偶、孩子、亲戚等）
- 恋人
- 朋友
- 老师、讲师
- 前辈、上级
- 名人
- 伙伴（具有共同目标的人）

• 虚构人物（电影、小说、漫画等文艺作品中的人物）
• 因机缘巧合结识的人
• 其他（连名字都不知道的擦肩而过的人，或者电视上看到的人）

“能改变人的，是人。”这是无可争议的事实。有的人通过当面聆听他人的教诲而获得了改变自己的契机，也有的人通过图书、电视等媒介认识了某个人，从而获得了改变自己的契机。

日常生活中能见到面的人（家人、朋友、上级等）如果能成为契机的话，基本上都会因某件具体的事情（与恋人分手、孩子降生、受到前辈的斥责等）。

日常生活中见不到的人（名人、电视上看到的人、在旅行中结识的人等），与他们相遇这件事本身就很容易成为契机。

2. 事件的要素

• 入学
• 毕业

- 就职、换工作
- 退职
- 就任（领导、经理等）
- 搬家
- 结婚
- 生子
- 旅行
- 有时间限制的项目
- 离婚
- 死别

事件较容易成为各种变化的契机。

很多人之所以因入学、就职、换工作、升职，或者被公司安排负责一个新项目等而发生了变化，是因为所处的环境发生了强制性的变化。

有时是因为相遇产生了契机，有时是因为别离产生了契机。毕业、退职、离婚、死别等都能给人带来变化契机。因为这些事对于“自己是什么人”这个问题会产生影响，给人带来身份上的变化。

3. 体验的要素

- 成功
- 失败、挫折
- 发现、意识到
- 消失

体验是直接作用于大脑而产生的一种刺激，所以它更容易成为变化的契机。

比如，某个人发生了改变，可能并不是由于他被公司委派去做某个项目，而是由于他通过做这个项目体验到了从未体验过的成功与失败的感觉，这成为他发生改变的契机。

或者，有的人通过电视看到世界上发生的惨事，因战争而受苦受难的民众，从而意识到了什么；还有的人因失去了非常重要的东西，受到了强烈的刺激而获得了改变的契机。

4. 对象的要素

- 金钱
- 物质
- 服务

债务越来越多或者一下子发了大财等与金钱相关的事物往往对人的刺激性比较强，容易成为契机。

同样，很多人会因为得到或失去有形资产而发生改变。还有一些人会因为接触到无形的服务而发生改变。

5. 场所的要素

- 家庭场所（家宅等）
- 学习场所（学校、研究所等）
- 工作场所（办公室、店铺、工厂等）
- 娱乐场所（音乐会、体育比赛场馆等）
- 和伙伴相处的场所（志愿者活动、其他社会活动的场所等）
- 非日常的场所（旅行目的地等）

日常生活的场所对人的刺激性较弱，如果不与“事件”和“体验”组合起来，就很难成为契机。为了提高与契机相遇的概率，我们需要让自己置身于一个特别的场所里，这是一个合理的办法。

6. 媒介的要素

- 图书
- 电视、广播
- 报纸、杂志
- 网络
- 演讲

用知识武装自己时所使用的媒介各种各样，刺激性特别强的当属以“人”为介质的媒体。越是与影响力大的“人”交互，能让人获得发生变化的契机的可能性越大。只是这样的机会稀少，所以我们可以通过接触那些名人写的图书、作为嘉宾参与的电视节目，与其有关的杂志或网络信息来获得改变人生的契机。

7. 信息的要素

- 教科书、语言
- 图片、影像
- 声音、音乐
- 感觉（味觉、嗅觉、触觉等）

这些是与优势感觉有关的要素。因获得某种信息、知识、智慧而转变想法的事例屡见不鲜，其内容可以依据感觉来分类。

与某人的发言、某本书或网络上写的文章相遇，获得改变契机的人有很多，但也有很多人因为语言无法表达的其他感觉受到了强烈的影响。

8. 时机的要素

- 早上
- 休息日
- 月初
- 元旦

• 春夏秋冬

时机不像“事件”那么容易理解，但往往这些时机也会成会改变的契机。

比如，有人想试着改变自己度过休息日的方式，还有人利用夏天人们行动力较强的特点来集中寻找契机，这也是一种方法。

9. 条件的要素

• 身体条件
• 心理条件
• 环境条件

经历了一场大病之后，很多人的想法都产生了一百八十度的大转变。或者，就职的工作单位的状况（环境条件）恶化，致使很多人的想法改变了，这也很常见。

我们应该认识到，条件的好坏可以改变人们对契机的接受方式。比如，条件好的时候，人们往往对比较激进的建议产生反应；而条件差的时候，人们会对比较保守的建议产生反应。甚至对同一条建议的理解，也会因条件不同而发生变化。

在请咨询对象回顾自己过去的各种契机的共同点的过程中，有时有人会惊讶地发现："咦？对于同样的事，自己这时的反应与那时的反应怎么不一样呀？"这大概就是因为条件不同所致吧。

不断去尝试各种很小的新体验

“能改变人生的大契机到底在哪里呀？”我们应该停止漫无目的地寻找契机的行为，因为所有的契机都是结果论。我们不如把心目中的契机具体化，通过反复的试验，不断去尝试微小的新体验。

比如，回顾我自己的过去，我发现，对于我来说，图书与研讨会就是胜过一切的改变自己的契机。

谈到书，我有一个有趣的体会。比起畅销书，那些不经意间买来的书往往更容易让我受到很大启发。因此，现在我还保持着这样的习惯：每当走进书店，我都只对那些摊平着摆放的重点推介书简单地瞟一眼，就径直走到摆放普通书的书架前，看看书的封面、封底，凭直觉挑选两三本比较中意的书来购买。

在参加研讨会方面，我在前文提过，那些讲师比较严厉的研讨会更容易让我得到较大的启发。另外，参加那些费用为 50 万日元以上的比较昂贵的、让人有紧张感的研讨会，能把自己逼入一种拼尽全力的状态，这样可以学到更多东西。比起单次的研讨会，那些为期 10 次或者为期半年的时间较长的研讨会更加适合我。

那些听讲的人共同面对着一位严厉的讲师，从而增强了凝聚力，形成一种很好的氛围。

当所有事情都一筹莫展时，那些鼓励过我的领导，当一帆风顺时，那些严肃指正过我的人生前辈，才是真正改变我的人。习惯于理性思考的我，通过亲身体验挑战瀑布、挑战冥想，终于屏蔽了一些思维噪声，让我有了新的发现，倾听到了自己内心的声音。

由于我的优势感觉是视觉和听觉，所以我会特意选择合适的时机去做一些体感型的新体验。当然，对于我来说，那些属于不情愿做的、消极的新体验。

分析一下我的过去就可以看出，把这些体验引入我的生活后，我遇到改变自己的契机的概率确实提高了。当然，这些毕竟只属于我个人的规律，不足以供所有人参考。

我们把人生比喻为一条河，再来分析让这条河改变流向的契机，就会发现竟然能具体到这种程度。能清晰地看到这些规律后，你是不是感觉能减少很多无用功了？

我想，与契机相遇的概率一定会提高。当然，**什么样的体验才是最有效的，是没有所谓的正确答案的**。所以，自己总结出来的规律，哪怕只停留在假设阶段都无所谓。根据这个假设，反复试验，逐渐提高精度，这样做就可以了。

改变环境

改变自己最大的契机，在于改变环境。如果能改变环境，那当然能给自己一种很强的刺激了。话虽如此，但改变环境的难度很大，所以我建议先从自己的行为开始改变。

人总归生活在一个与社会紧密相连的环境中，一旦属于某个企业或组织的成员，他往往会敏锐地感知到自己的职务、所处地位（即身份），然后据此来调整自己的言行。

比如，有的人原本只顾自己，从来不怎么考虑别人。某一天，他被任命为某处的领导后，开始变得很关心下属了。还有，比较性急的两个人在工作中被编进一个小组后，其中一个很自然地变成很会缓和情绪的人。这就是所谓的“地位造就人”。

管理学中有个“262 法则”，指的是一个组织中的人员构成的比例是相对固定的，即优秀员工占 20%，平庸员工占 60%，较差员工占 20%。当优秀员工出现空缺时，有时某个平庸员工就会崭露头角；如果某个一直拖组织后腿的较差员工离职了，成绩还算不错的另外一个员工就有可能变得不那么积极了。

顺便说一下，我把这一法则用在了教育孩子上。比如，我家孩子准备参加中考了，可他的学习成绩并不理想。虽然想报考的高中还没有定下来，但我非常想让孩子进一所与他实力相符的高中。也许你会觉得“作为一个标榜‘绝对达成’的咨询师来说，这么想太保守了”，但孩子处在一个逐渐形成人格（思维方式也逐渐形成）的敏感时期，与其让他勉强进入门槛很高的高中，在心里植入劣等感，还不如从一开始就降低考学的等级，让他能拥有自信。这对于他漫长的人生是有积极意义的。

以前我儿子在足球方面也有过类似的经历。他 2 岁就开始踢足球了。大概是因为他没有太多天赋吧，成为正式球员对他来说简直就是白日做梦。由于不能上场比赛，他在练习时便没那么上心了。于是，教练开始对他进行斥责，由此他陷入恶性循环。

我儿子所在的足球队，是一支汇聚了其他各队顶尖球员的精英球队。我觉得这样下去，他的自信会消失殆尽，甚至连对足球的热情都会冷却，所以我让他离开了训练他七八年的教练，进入一支他可以作为正式球员上场比赛的弱队。

我的期待成了现实。能上场参加比赛后，我儿子在平时的训练中热情百倍。也许是因为游刃有余了，他主动担当起小孩子们的教练。

直到现在，他还在初中足球队中继续活跃着，虽然有时也不能正式上场，但他在队里始终是一名非常能活跃气氛的人物，很有存在感，朋友众多，每天都很开心。

我儿子身上发生的变化，简直就像把“地位造就人”原则与“262 法则”用图画的形式展现出来似的。

巧妙利用压力耐受强的时机

前文提过，构成契机的要素中有事件和时机。由于这两项非常重要，所以我在这里再说明一下。

我主办的“绝对达成社长会”，会要求会员（即企业家）自己制定目标、制订行动计划，再到自己的员工面前进行演讲。而且，**他们所制定的目标不能是轻易实现的，必须是一个很高的目标**。

有些初次参加活动的人会感到困惑，他们说：“一大早就宣讲自己的目标，这也太拼了吧！”但大多数人都已经习惯了。

“被会议室的气氛所感染，终于说出了平时不敢说出口的高目标！”

“突然觉得自己能干出点儿什么新的事情来。”

很多人都说过这样的话。

在众人面前公开说出点儿什么，从刺激水平的角度来看，还是相当高的。大概很多人都会对此感到难以接受，抱着消极态度。而且，说出来的目标必须是特别高的目标，刺激性就更强了。

通过对这种刺激养成习惯，一步一步地改变思维方式，就是我建立这个社长会的目的。

我在这里还想说明一下为什么这种活动一定要在早上进行。

很多公司都有开早会的习惯，这并不罕见，可以说是司空见惯的。这样安排不光是因为早上大家一般都没安排其他事情，时间有保障，还有科学依据：人经过一夜的休息后大脑刚刚复苏，在早上这个时间段里效率最高，对压力的耐受最强。

比如，如果一个人在白天积累了很多不愉快情绪，那些不健康的内在体验就会反复加深。因此，到了夜晚，他身心疲惫，也许再碰到一点儿事就能被激怒。大概很多人都有过类似的经历吧。

不过，到了第二天早上，可能他会觉得不可思议："我昨晚干吗发那么大的火呀？"所以，压力耐受并不是恒定的，而是有起伏的。

除了早上，还有一些压力耐受比较强的时间段，那就是一些重要的时间节点。在前文提到的构成契机的要素分类中有"事件""时机"，其中包括元旦、生日、进公司首日、搬家、升职、结婚、生子、某期间的首日……

在这些重要的时间节点上，人们只有"要发生新鲜事的预感"，那些想维持现状的消极想法会暂时隐藏起来。对于向新事物发起挑战来说，没有比这个时机更好的了。

"一些事情要开始了"中的"开始"是一个自动词，有些客观上就要开始的意思。而"要开始做些事情"中的"开始"是他动词[1]，表示以自己主动的意志来开始。

如果你属于很难凭自己的意志开始做新事的人，那么你可以搭上一些新事物开始时的顺风车。

但是，这种大的时间节点并不是时时都有。所以，**我们要利用自己每天都能捕捉到的某个时间节点，是的，就是一日之计在于“晨”**。

我每天都想迎接这样的早晨，所以从10多年前开始，我就改变了自己晚上的度过方式。为了使晚上过得与我想的完全一样，我必须先在白天时间的度过方式上动脑筋。这些都是我在尝试各种新体验时找到的法则。

通过给早晨、白天、夜晚的度过方式设立一些规则，我提高了与使我的人生出现转机，逐步向好的方向发展的美好契机相遇的概率。

---

1 “自动词”“他动词”是日文中两种动词属性。“始まる”是自动词，是开始的意思；“始める”是他动词，是使……开始的意思。

“今天又是一个新的开始！今天会有什么新鲜事等待着我呢？”如果你每天早上都能很自然地这样想，那么你已经成为本书所追求的变化耐性强的人了。

尝试容易上瘾的事情

最近我经常想，在众多可做的新体验中，还是**比较容易上瘾的那些行动更容易成为变化的契机**。

比如，在“绝对达成社长会”里有一个叫“绝对达成跑步俱乐部”的组织。

我本人很想跑步，所以强拉了社长会里一群原本与跑步完全无缘的人一起开始做这项运动。他们都不是那些习惯了每天跑步，甚至连续参加马拉松比赛的跑步健将，而是一些没怎么跑过步的素人。

每天的跑步锻炼一旦成为习惯，去参加马拉松比赛的俱乐部成员就逐渐增多，甚至有的人去全国各地参加超级马拉松、铁人三项、越野跑。

有的俱乐部成员接受了跑步爱好者喜欢阅读的杂志的专访，有的成员的照片登上了著名健身杂志 *Tarzan* 的封面。

后来，真正喜欢马拉松的社长们蜂拥而至，目前这一俱乐部的会员已经发展到 100 多名了。

跑步这项运动真的很容易让人上瘾。身体逐渐适应后，几乎所有人都能比过去跑得长、跑得快，比较容易快速体验到自我成长的快感，进而欲罢不能。

这样成瘾性较高的新体验（与此相似的还有其他活动。最近突然有很多人迷上了一种叫“室内攀岩[1]”的竞技项目），是一个容易让人产生变化的良好契机。等你回过味来时，你会发现你已经变成过去的你根本无法想象的全新的自己。你的饮食

1　室内攀岩：是徒手攀岩的一种，因在室内、用最少的道具即可参与、可轻松前往等因素，受到众多学生、商务人士的欢迎。

习惯会因此改变，时间的使用方式和与人相处的方式也会随之改变。

现在，对某件事是否有兴趣对于我来说已经不重要了，甚至我会故意去挑战一些觉得没兴趣的事，然后迷上它，这样更容易成为全新的自己。而且，一旦进入痴迷状态，我一天到晚都会想这件事，此时大脑正好处于一种比较容易改写思维方式的状态。这正是一个让自己发生较大改变的机会。

特别有效果的还有一点，那就是能让自信根植于内心。

“以前觉得绝对不可能跑完的全程马拉松，我竟然跑下来了！”
“我觉得我肯定会半途而废，没想到能一直坚持到现在！”

这种自信无论对工作还是生活都会产生良好的影响。很多事业成功的人都热衷于挑战难度高的体育项目，正是出于这个原因。

需要注意的是，酗酒、赌博、玩游戏等不健康的行为虽然也容易上瘾，但是并不能让自己变得更好。希望大家理性对待这一点，及时刹车，一定要选择那些健康的、具有建设性的活动去尝试。

你可以进行整理，也可以进行冥想。你不妨在网上查一查拥有很多狂热爱好者的项目，然后自己试着做一做。假如没有什么不好的感觉，就再试几次。有一天，也许你就像突然觉醒了似的，狂热地爱上它，那就是它了！

置身于能让自己产生“那股劲”的环境中

“想改变自己”的人大体上分为两种，即：

（1）为达成某个目标而“想改变自己”；

（2）对如今的自己不满而“想改变自己”。

前者属于登山型，后者属于漂流型或摆脱现状派。二者最大的区别在于激励上。

拥有明确目标的人，因为能看到要做的事，所以比较容易有干劲。比如，拥有“我想在 3 年后拥有自己的店铺”这样的明确目标的人，为达成该目标，他们会制订计划，“我必须掌握领导能力”“我必须攒钱”等，总之，“应该如何改变自己”的想法很具体、很明晰。

那些对自己的现状不满的人，想变成与现在的自己不同的样子，那可选择的范围就太广了。退一步讲，他们也有“什么都不做”这个选项，所以容易没有干劲。这确实是想改变自己的人经常遇到的一个瓶颈，但并不是毫无办法。

在没有干劲时，你可以试着让自己置身于能让自己产生“那股劲”的环境中。所谓的“那股劲”指的是受到众人的影响，被周围的气氛感染，不知不觉涌出来的能动性状态。

虽然日语中有“拿出干劲”的说法，但一般不说“拿出那股劲”。当你某日说出“终于感受到那股劲了”这句话时，你再回头看看过去的经历就能明白这个过程了。换言之，能否感受到“那股劲”，不实际去做的话根本无法了解。所以你要让自己处于容易感受到“那股劲”的环境中，而这种环境是存在的。

容易感受到“那股劲”的环境具有两个特点：

（1）周围聚集的都是不了解自己过去的人；

（2）周围聚集的都是朝着某个目标积极努力的人。

你虽然想改变现在的自己，但一直拘泥于与身边的人交流，这样很难遇到什么新鲜事。

你如果走出去，到一个聚集的都是不了解自己过去的人的场所，遇到更强的刺激的机会势必会大幅增加。

另外，让自己置身于聚集着朝着某个目标积极努力的人的环境中，只是这一点，就可以让大脑受到足够的刺激。具体来说，**在特定的脑神经细胞——镜像神经元的作用下，我们的大脑会无意识地模拟近处的人的言谈举止及思维方式。**

由非专业人士参与的体育运动，可以学习到最新科技的研讨会，认真讨论社会性课题的聚会等，如果你参加的都是这些由“干劲十足的人”参与的活动，那么你的镜像神经元就能感受到现场的气氛，并逐渐被感染。

另外，能让我们产生“那股劲”的并不一定是真实的场景，你也可以通过社交网络上的社团或名人的会员制沙龙等获得影响。

反过来讲，如果你总是参加由没有干劲的人组成的聚会，就有可能受到不良影响，这一定要注意，要引以为戒。

Chapter 04

第四章

从过去的纠缠中解脱出来

事实不能改变，但认识可以改变

“虽然我想挑战些什么，但没有自信。”

“我被那人说得内心受到了伤害，做什么事都打不起精神来，觉得很消极。”

过去那些令人心烦的体验，成为改变自己的绊脚石，这样的人应该不少吧。

在这一章，我将针对那些仅仅靠新体验所带来的刺激无法改变思维方式的人们，介绍一种通过操控内在体验，强制改写过去的练习。

其中有一项叫作“转换次感元”（Sub-modality Change）的练习，虽然不容易做，但如果做得好，会成为一种刺激性很强的体验。

过去体验的“刺激强度 × 次数”所决定的我们的思维方式，已经固化了很长时间，为了让它变得灵活，需要花费同样长的时间。

但是，如果对形成了现有思维方式的过去的体验加以修正的话，你不用花那么久的时间就可以令你现在的思维方式重生。

让我们对自己的过去重新进行一下思考吧。

在商业领域，人们常说在看待事物时必须把事实与认识区分开。如果把二者混同的话，将难以看到课题的本质。对于经营者和咨询师来说，持有这种客观的视点是一项基本技能。

比如，某位企业经营者认为，他的产品卖不出去，是因为与竞争产品比起来其性价比低，他抱有这样一种认识。

可是，对 1000 名客户进行调查后，我们搞清楚了一个事实：70% 以上的顾客对该商品的优点到底是什么并不清楚。

如果这位经营者搞清楚这样的事实，就可以改变之前的认识。以前他误以为是商品本身存在问题，后来了解到是商品的亮点并没有被消费者正确地认知，因此，营销与推广活动的方式方法均需要做出改变。

我平时就养成了把事实与认识区分考虑的习惯。我经常会在工作中对企业的经营者和管理者们进行指导，告诉他们“这些是认识，并不是事实”。

“我们的过去”也一样，也可以分为事实和认识。

过去发生的事实已经无法改变了，但如何认识那个事实，取决于大脑对事实的处理方式。

比如，经历了一场轰轰烈烈的恋爱后，出于某种原因，你和另一半分手了，而且到现在你都没有再谈恋爱。“那么痛苦地分手”这个事实是无法改变的。不过，你是否真要因为分手这个事实而深深地受到伤害，始终背负着这座沉重的十字架了此一生呢？你恐怕不应该这样活着。

你的悲观源于你的大脑对分手这个事实所下的结论，即对它的认识，对它的解释。说到底，这不过是主观意识而已。如果能改变这种认识，你所背负的十字架就会消失。

但是，这只是一种理论，想接受过去发生的那些令自己不愉快的经历，并去重新认识它，绝对不是一件简单的事情。在现实生活中，过去因为恋爱受过伤的人，很多都会说“再也不能和任何男人谈恋爱了”或者“一想到女人就觉得可怕”。

有些人长期拥有这些烦恼：

“我参加了好几次教师资格证考试，总是考不上，我觉得我可能天生就不适合当老师。”

“我越是参加有可能破纪录的比赛，越是紧张得不得了，结果就失败了。”

“每次坐电梯我都觉得特别恐怖，一旦进入狭小的空间，胸口就憋闷难受。”

只要你能改变对过去的认识，类似这种挫败感、厌恶感是可以逐渐改变的。要想做到这一点，你需要通过锻炼获得一些技巧。

我们所追求的目标是变成那只挣脱了重力的氢气球。

我们需改变认识，让自己心里那个阻碍氢气球飘上天空的重物变得没那么重。或者，我们把它隐藏在长期记忆的深处，使追加体验不会反复出现。于是，我们的身体从过去那些束缚和精神伤害中解放出来，变得轻松了。

如果我们把通过尝试新体验给身体一些新的刺激比喻为“持续送风的行为”，那么改变对过去的认识就可以比喻为“卸下负担的行为”。

给重量变轻的人再送去点儿风，就可以使他飘起来了。负担过于沉重的人试图改变，就要从这两个方面同时入手。

卸下负担的人会飞向哪里，不得而知，至关重要的是你要尽早扔掉那些由自己意念所形成的无法改变的重负。否则，你恐怕永远也无法变身为一个全新的自己。

练习一：幸福体验与不幸体验的数值化

置换掉过去痛苦的记忆，是一个沉重的话题，难度也很大。所以，在进入那个阶段前，我先向大家介绍一种置换自己的记忆和认识的最简单的方法。我们来做一下“感觉水平的数值化”练习。

1. 把幸福体验变为数值的要点

一开始，大家都还不习惯，所以先不要想得太多，只凭直觉给自己的感觉打个分数。

请大家把意识放在自己的各种感觉（幸福感、舒适度、愉悦感、成就感）上，以 10 分为满分，给自己的各种体验打分。此时，我们都打正数的分值。

比如，我们给“完成了本年度的目标”这个体验打 8 分，给“换了一部新机型的智能手机”打 2 分，给“增加了新的家庭成员”打 10 分，给“住院的祖母康复出院”打 6 分，等等。

不要光用脑子想“按常理应该是这个分值吧”。听觉型的人注重理论，让他们意识到自己的感觉比较困难。

提请大家注意的是，大家应把关注的重点放在“自己的生理反应是如何变化的”这一点上。

攒了 5 年的钱，终于买了一辆 500 万日元的汽车。买车之前异常兴奋，可买到手后就兴奋不起来了，一直把它放在停车场。购买新车后，兴奋感减弱，说明感觉水平不高。购买新车一事也许可以带来一些幸福感，但恐怕只是 2 分左右的感觉水平。

话虽如此，但转念一想，“辛辛苦苦攒钱买了一辆新汽车，按常理来讲不该打这么低的分数。自己对此还是挺满意的。所以，我还是给它打更高的分数吧”。像这样，自己说服自己，然后“给它打7分或8分”，这种伪造的做法是绝对禁止的。

别人的感觉，或者按常理应该如何如何，都可以忽视。为了了解真正的自己，总是要问自己身体的真实感受，这非常重要。大脑有时会撒谎，而我们的身体不会撒谎。在调查感觉水平时，我们必须要问自己的身体。刚开始我也做不好，但反复练习后就适应了。

2. 把不幸体验变为数值的要点

同样，我们来做一下练习，把那些令自己消沉的事情、受到打击的体验、无端生气的体验等感觉水平也变为数值。这次，我们用负数来记录分数。

比如，我们给“被堵在高速公路上”打－4分，给“爱犬不知被谁弄伤了”打－9分，给“无端地遭到客户投诉”打－3分，给“在电车里被踩了一脚”打－1分，等等。

此时，你不要单纯用大脑去思考，要问问自己的身体。比如，一个平时对你照顾有加的人去世了，你去参加他的告别仪式。你原本想“今天应该是非常悲伤的”，于是说服自己把这个体验打 -10 分或 -9 分，但如果你的生理反应不是那样的话，就不能打那样的分数。

当小孩子打翻了牛奶时，虽然你心里知道“这种时候不应该着急上火”，但事实上你的身体已经明显发热了。请记录下你的真实分值。

特别是对于那些嘴里经常念叨“最近就没好事”的人来说，这个练习的效果更加显著。最近真的没有什么好事发生吗？真的只有坏事在让自己烦恼吗？

只要我们掌握了把感觉水平数值化的方法，记忆的提取方法就会发生变化，我们就会更容易换一个角度看问题。

3. 实际进行练习

让我们试着实际练习一下。

我们先把这一个月来发生的积极的事写出 10 项。

对每个人而言，积极的事是千差万别的，诸如“被领导表扬了”“受到客户的喜欢”之类的。只要是自己觉得好的事就行，哪怕是细小的事也没关系。“今天在咖啡店喝的那杯咖啡特别好喝”“把孩子的衣服送给朋友，朋友很高兴”之类的都可以。

如果实在凑不到 10 项，可以想一些更细小的事情。“天气预报说今天有雨，可我没带雨伞，最终没下雨”这样的事都可以。这样就应该可以写出 10 项了。

下面再来写写消极的事。

“被领导批评了。”“上电车没坐上座位。”“因为加班，与朋友的聚餐去晚了。”“见客户的地点离车站很远，走得很累。”同样，只要自己有不快的感觉，不分程度，都可以写下来。

消极的事如果写不出 10 项，那就没必要非凑齐不可了；但积极的事，请一定凑齐 10 项。

接下来的工作非常重要。像前面讲过的那样，**请给每一件事打一个分数**。

假如你写道“看到一条消息说，往生鸡蛋拌饭上加点儿芝麻油会更好吃，就试了一下，果然美味”，那么你给这件事的感觉水平打几分呢？在尚未习惯时，你很难做出相对合理的评价，只要凭自己的主观判断就可以，比如打 1 分。

给“上周读的小说很让我感动”打 2 分，给“难度很高的项目终于完成了”打 6 分，给“从没表扬过我的社长终于表扬我了”打 8 分，等等。大家先试着写一写。

对于消极的事，大家也以同样的方法试着打一下分数。

我想提请大家注意的是，不要轻易打 －8 分或 －10 分这样的分数，一定要慎重。因为这些水平的评价都是相对的，能让你想到“对于我来说是最大的不幸”的那些事才可以打 －10 分。

比如面对“最爱的伙伴去世了”这件事，我们想从悲伤中解脱出来需要相当长的时间。如果这件事是 －10 分的话，“被卷入交通事故，住院一周”这件事就会变为 -8 分了。比起交通事故，“被领导批评了一个小时”只能打 -3 分或 -4 分。

那些更细小的事情会如何呢？面对“刚买了双新皮鞋就被路沿上的石头蹭出一道划痕”或者“连续 3 天都加班”这类小事，也许当时你会觉得挺不舒服，但它们与被领导批评、卷入交通事故不是一个水平，只能打 -1 分或 -2 分。因为它们不会引起消极的反复性追加体验，所以不会变为 -5 分或 -7 分。

这种给感觉水平打分的行为持续下去的话，会反复修正我们的认识。这种认识上的修正，正是重新改写记忆的方法。大家不妨一直修正下去，直至自己满意为止。这种修正行为，其实是一种“思维的维护工作”。

我们来看看最终打分的结果，会发现无论是积极的事，还是消极的事，分值以 1 分、2 分，或者 -3 分、-1 分居多。只要不是什么重大事件，分数基本在 -3~3 分的范围内。

如果积极的事都处于 1~3 分的水平，而消极的事都处于 -10~-8 分的水平，那就证明你的思维出现了偏颇。如果你认真进行思

练习一　“幸福体验与不幸体验的数值化”流程

（1）幸福体验的数值化练习

回忆那些高兴的事、有幸福感的事，把注意力集中在自己的生理反应上，根据该体验的幸福感、舒适度、愉悦感、成就感，凭直觉打分，满分 10 分。

要点：

- 分数为正数；
- 不要用大脑思考，而要关注自己生理反应的变化；
- 不要受别人的感觉或常理的影响，倾听自己身体的声音。

（2）不幸体验的数值化练习

回忆那些令自己消沉的事情、受打击的体验、生气的体验，给那些体验的感觉水平打分，满分 -10 分。

要点：

- 分数为负数；
- 不要用大脑思考，而要关注自己生理反应的变化。

（3）写出 10 项这一个月内发生的积极的事

要点：

- 积极的事，一定要有 10 项。

（4）写出 10 项这一个月内发生的消极的事

要点：

- 消极的事，凑不齐 10 项也没关系。

（5）给每件事的感觉水平打分

要点：

- 不要轻易打 -8 分或 -10 分这样的分数。

考的话，应该不会出现这么偏颇的结果。所以，建议**把这项练习作为每个月底的一项惯例持续下去**。

在最初的一个月，你给某件事打了 −8 分或 −9 分。几个月后，当你遇到真正受打击的事，体验过睡不着觉的难受滋味后，你会发现这个体验才是 −8 分或 −9 分水平的。你的大脑会有一个梳理的过程。于是，过去被你评为 −8 分、−9 分的事，经过横向比较后，可能就被你修正为 −4 分或 −5 分了。

持续一年的话，你就能掌握一些窍门，可以根据自己的生理反应判断出属于 3 分、−5 分或者 −1 分的事。

于是，你不会因为日常生活中的一些小事而抱怨“真差劲”“前途黑暗”了。“虽然这件事有点儿让人不舒服，但我对它的感觉水平也就是 −1 分吧。”“虽然这件事令人沮丧，但也就是 −2 分的水平吧，尽量不再去想它了。”你可以很客观地认清事情的真实状态了。

养成发现“某些好事”的习惯

以前，我偏向于消极性思维方式，所以有一段时间，我每天必做这个练习。我会特意盘点一下“今天有没有什么好事呀”“有没有什么坏事呀”，并将其转化为数值记录下来。

这种做法特别适合体感型的人。这种做法在心情好的日子里效果不太明显，如果在那些隐约感觉到“今天一天没发生什么好事”、内心感到莫名不安的日子里，效果特别明显。

把自己认为的“某些好事”（无论多么细小的事都可以）记录在笔记本或便签上，再体会它的感觉水平，并用分数记录下来。“某些坏事”也做同样的记录。有的事情的分数会很自然地显现，但有的事情需要反复思考才能决定分数。

“今天，我在休息室冲一杯咖啡时，其他部门的一位助理第一次主动和我打了招呼。这应该也算是一件好事吧，嗯，应该算。”

“坏事太多了，能想起很多件。今天一天过得很糟糕。早上睡过头了，没能在预定时间出家门，赶上的那趟电车特别挤，而且一大早就被领导批评原本应该昨天做完的工作没做完……咦，仔细想想，这些事好像都是我自己造成的。这些事能算坏事吗？”

用文字和数字做记录，确实有助于梳理我们的思绪。至于哪件事正确，哪件事不正确，那倒是其次。

善于辩理的人——换言之，属于听觉型的人——往往会陷入什么算好事、什么算坏事的思考中。我有时也会这样。其实真正重要的是改变自己的思维方式。

平时用 90% 的理性、10% 的感性来思考问题的听觉型的人，如果能调整成 70% 的理性、30% 的感性，这是一个很大的变化。反之，理性占 10%、感性占 90% 的体感型的人，如果能调整成 30% 的理性、70% 的感性的话，那他看待事物的角度就会发生很大变化。

时常关注自己的感觉，给感觉水平打出真实的分数

我特别爱用一款方形便签，我会把每天发生的“某些好事”和“某些坏事”记录在该便签上，且每一张便签上只记录一件事。这种习惯已经持续了很久。最初，我完全不得要领，只是随便记录。

“在电车上，脚被人踩了。”

“中午吃的面包出乎意料地好吃！”

“买回的罐装啤酒味道一般。”

“对某国的利息政策有了一定的理解。”

“终于能和妻子踏踏实实地聊天 20 分钟了。”

“孩子睡着的样子真可爱！”

“客户的业绩下滑了。”

……

但是，只是把这些事记录下来，并不能对大脑产生刺激。

“这个感觉水平应该是 -4 分吧。”“这个感觉水平应该是正数，大概是 2 分吧。”**只有这样通过打分，把感觉数值化，我们的大脑才能受到刺激，那些僵化的思维方式才能逐渐变灵活。**

如果我每天能用 10 张便签，我的思绪就能逐渐理顺了。

在电车中被人踩脚，很是光火，我们把这种焦躁程度暂且记录为 -7 分，但同时，客户的业绩下滑所导致的失望感，也被记录为 -7 分，这就有些不对劲了。在电车上被人踩脚，这根本不算什么事，这种负面的感觉水平顶多是 -2 分。

像这样，**我们应时常关注自己的感觉，给感觉水平打出真实的分数**。

之前，我与家人一起到冲绳的离岛做了一次 4 天 3 晚的旅行。

周围的人听说后，都对我说："一家人亲亲密密地在冲绳度过悠闲的假期，好令人羡慕啊！"大家往往都会这么认为，但我所获得的感觉水平只有 5 分。

与家人一起外出旅行的次数不多，可以说这是个难得的机会，而且这是从 3 年多以前就开始筹划、终于得以成行的冲绳旅行。我在出发前所预期的幸福感应该是 8 分，可实际上并非如此。我不太清楚为什么。

重要的是，**在打分时，决不能劝诱、说服自己**。

冲绳的大海风景秀丽（特别是离岛的海真是太棒了），妻子及孩子们满足的表情至今还刻在我的脑海中。我虽然也感受到了幸福，但并没达到事先想象的程度。

后来，有一次我与关系要好的邻居小孩共 5 个人去家附近的公园玩。说是公园，其实只是一个从家走路 10 分钟就能到达，有滑梯、跷跷板、沙坑的小公园。玩到近黄昏时，我说"该回家了"，可孩子们就是不听，不愿意离开。

等待孩子们时，我不禁拿出便签，试着用数值记录了一下我当时的感觉水平。我尝试着很纯粹、很真实地去捕捉自己当时的感觉，我写下来的数字竟然是 6。

比起攒了 3 年钱，从半年前开始与妻子商量各种细节的冲绳旅行，来这个离家不远的小公园玩的幸福感竟然更高。

我反复说了几遍“快回家吧”，孩子们都不听，他们大声笑着、玩着，一直到天黑。看着这群孩子，我在思考：幸福到底是什么？

把感觉数值化，你会明白当下的真实的自己

看电视看得笑逐颜开；看小说看得感慨万千；去摩肩接踵的主题公园；与下属去一家不为一般人所知的小料理店；与企业家们一起去参拜伊势神宫；聆听制定了很高的目标而完美达成的商务人士的演讲；带自己做的便当上班；下班回家时故意坐过站，去看看那个从未下过车的车站……

尝试各种经历，然后把自己的感觉水平用数值记录下来。做着做着，就会更了解自己。

别人是怎么感觉的，与自己无关。关键在于了解自己的大脑在受到哪些刺激后，会做出何种反应，产生什么样的感觉。

从小被难闻的酒味熏着，在狭小的居室中与酗酒的父亲一起度过幼年时代的我，21 岁时开始从事认知障碍症患者志愿者活动，24 岁时参加了青年海外协力队。这样的我，思维方式理所当然是独一无二的，与别人不同。

如果每天把发生在自己身边的、大量的事都以数值来做评价的话，你会越来越了解自己。

自己为什么生下来？自己想做什么？什么事能让自己幸福？对于这些问题，我们是找不到答案的。

认识现状是对事物进行思考的前提。特别是对于像我们这种专门从事为客户解决课题的咨询公司的人来说，拥有提出解决方案的经验与技巧固然重要，但更重要的是“**正确地认识现状的能力**”。

如果现状搞错了，无论怎么去思考解决方案都无济于事，有时甚至会无端地给自己增添一些不必要的烦恼，做一些无用功。

留存下来的那些记有很多感觉水平数值的便签，对我认识现状能力的提升起到了很好的辅助作用。诸如怎么做才能减少坏事，增加好事，我逐渐可以掌握一些要领。

当然，当日常生活中的好事增加时，思维方式会自然而然地得到修正，大脑会引导出更多积极的记忆。

体味快速而巨大的变化

把自己的意识放在现在发生的事、今后将要发生的事（外在体验）上，并把受到刺激所形成的感觉用数值记录下来。

通过提高自我认识的能力，思维方式会发生变化。

但实际上我并没有只靠反复做这个练习而发生变化。在漫长的岁月中已经固化成形的思维方式，如果我们不花很长时间使它软化，使它容易改变形状的话，它还会恢复到从前的样子。而我是在令人惊讶的极短周期内完成自我变化的。

37 岁前后，我还是一个对工作、对组织都没有责任感的人，对于被视为家庭的顶梁柱感到痛苦不堪。我没有一点儿自信，轻松的事情还能应付，面对稍微有些难度的工作就极力想逃避。

但是，39 岁时，我已经可以在 50 人面前铿锵有力地做关于“如何才能绝对达成目标”的演讲了。40 岁时，由日经商业出版公司[1]主办的面向企业家的我的讲习会（2 小时收费 2 万日元）预约开始后，一个小时就约满（限定 230 名听众）了。我的知名度已经达到如此水平。后来又追加了一场讲习会，限定听众 200 名，马上又满员了。而且我已经对此感到习以为常了，我觉得这是理所当然的事。

如果是一位青年在 22 岁时突然发生剧变，还好理解一些。对于我这样一个当时将近 40 岁的人，一下子发生了这么大的变化，无论是妻子还是周围的朋友当时都不敢相信，都用怀疑的眼光看着我。

我之所以**能在短时间内发生这种飞跃式的变化，是因为我不仅**

---

1 日经商业出版公司：即 Nikkei Business Publications，俗称“日经 BP 社”，它是日本一家图书和杂志出版商，总部位于东京。

运用了外在体验，还运用了内在体验。我可以在自己的头脑中自由自在地刷新内在体验，于是，我变成了一只挣脱重负飞上天空的氢气球。

练习二：增加成功体验的意识训练

让我们先记住，内在体验与外在体验的比例大致为9∶1。因此，为了改变思维方式，我们必须改变内在体验的内容，这样会取得显著效果。

在这里，我向大家介绍一下改变内在体验内容的具体方法，用一句话来讲，那就是意识训练。

我们先试着从过去的记忆中找出一件含有“快乐”“很棒”“幸福感很强”“昂扬感”的事情。然后，充分利用各种感官，让该情景再现于脑海，把注意力全部集中在这件事上，进行信息对接。

我想再明确一下信息对接与不对接的意思。为了改变内在体验的内容，我们必须清醒地意识到自己对哪些信息要处于对接状态，对哪些信息要处于不对接的状态，否则就不能取得预期效果。

前文的练习一，是锻炼大家把平常的外在体验打上感觉水平的分数，以改变提取记忆方式为目的。这次的练习，是让你**有意识地引导出过去某个非常棒的体验，并用整个身心去感受**。通过定期实践练习，你可以逐渐达到降低消极性内在体验出现频次的效果。我建议最好选择感觉水平 7 分以上的体验。

1. 有意识地让自己处于精神集中状态

让自己处于一个合适的环境中。练习一无论在拥挤的电车上，还是在卫生间里都可以做，而做练习二时，因为要把过去的体验导出来，还要充分地去感受，所以必须找一个能让自己的意识处于集中状态的环境。

我一般选择早上刚起床、家人都入睡以后的静夜，或者出差时所住的酒店房间里等，总之在一个人独处时做练习。

如果你无论如何都找不到独处的环境，也可以在晚上钻进被窝后进行练习。

下面，我将告诉大家如何才能让自己的意识处于集中状态。先闭上眼睛，深呼吸 3 次。然后，把注意力集中在“现在，在这里的自己”身上。不能让诸如思考明天的工作、耳朵听到的消防车警报声等分散你的注意力。

想达到无我的境界，做起来非常困难。大家不要把“无我”执着地理解为什么都不想。其窍门是，**把注意力集中在自己的身体上**。

假如你采取正坐[1]的姿势，你脑子里可以这么想：现在我的姿势是正坐，两膝折叠弯曲，膝盖与胫骨部分紧贴着榻榻米的席子。腿有点儿麻了。或者：我的手掌心向上放置，感觉手掌慢慢地变热了。就像这样，把意识集中在身体的某个部位上。

当然，没必要将意识集中在直接性刺激上，哪怕是“大脑忽然

---

1 正坐：是指电影中常见的日本人在正式场合的坐姿，即席地而坐，臀部坐于脚踝，上身挺直，双手规矩地放于膝上。

冷静下来了”或者“自己的意识向下沉淀了”之类的感觉都没关系。按选好的焦点调整呼吸，甚至可以追踪体验一下吸入的空气是如何顺着鼻腔流入身体的各个部位的。

像这样，**把注意力集中在自己的身体上，就可以与自己进行信息对接了**。

2. 回忆起过去的感动体验

当你感到杂念消失后，就请回忆过去令你感动的体验，或者很了不起的、令人意气风发的事情。

比如，你可以把高中时代在棒球部活动时，那个夏天的某个短小的片段作为回忆。平时你总是被教练批评，每次练习都很辛苦，但总是当不上正式选手。不过，在高三的最后一个练习日，教练把你叫过去，说道：“最后想再跟你说一句，你练得不错！我看好你。虽然你一次都没能成为正式上场选手，但我心里很清楚，你比谁都努力。不管将来你是继续上大学，还是走入社会，都要继续加油啊！”

这位教练从未对你态度这么和蔼过，但在毕业前的最后一天只对你一个人语重心长地说了这样的话。

我估计无论是谁，都会有这样那样的美好过去，让我们在受到挫折时回忆起来。我们就是要与对自己来说意义非凡的美好回忆进行信息对接，让它在我们的脑海中重现。

3. 调动全身所有的感官，想得越具体越好

我们回忆时，不要模模糊糊地回忆，而要把所有的感官都调动起来。

视觉型的人可以把当时的情景色彩鲜明地再现出来。听觉型的人应该可以听到金属球棒击打棒球的声音，以及选手们奔跑时的声音。体感型的人，应该能回忆起球场泥土的味道、棒球手套的气味、被汗水浸湿的棒球队服的触感等。

调整呼吸，集中注意力，自问自答。

你看到了什么呢？能看到教练的脸吗？教练的表情是什么样

的？教练的头发是什么颜色？他戴帽子了吗？他是站着还是坐着？他在说什么？他说话的节奏、语调等，是一种什么感觉？地点在哪里？时间大约是几点？有蝉在鸣叫吗？他的棒球服上有污渍吗？他手上拿着什么东西吗？

你要把各种感觉都调动起来，回忆当时的情景，即使不能完美地回忆起来也没关系。实际上教练戴没戴帽子，是否在操场上，表情是什么样，是否在刮风，空气中有没有泥土的味道……我们没必要丝毫不差地再现当时的体验。即使不能100%再现当时的场景，我们应该也能感受到当时的体验“就是这种感觉”。再现50%就可以。

试着再次把自己放入那个情景中，追加体验一下自己的感情（进行信息对接）。

“棒球部的活动室里应该有这个道具吧？有一个不上锁的门，架子上放着弄脏了的棒球服，还堆着不知是谁的抹布和劳动手套。教练的脸，好像是这个样子的……好像他每次都坐在同一个地方……”

像这样，**用自己的语言补充，当时的情景就会鲜明地呈现出来**。但是，有时用自己的语言进行诱导后，所对接的信息不一定是正确的。

逐渐地，**脑海中浮现出的风景与人物都开始随意动起来，这时你处于相当深入的信息对接状态**。如果无关的杂念不再涌现，周围的噪声也听不到了，那你的注意力就已经相当集中了。你甚至连时间都忘了，深深地投入这个体验中。这就是忘我的境界。

计一下时间，至少沉浸 5 分钟。然后把注意力转移到自己的感觉上。

4. 回顾体验后的生理反应

像这样，**经历一番内在体验后，我们马上回过头来看看自己有什么生理反应**。

“好怀念啊”“好高兴啊”“痛苦啊”“难受啊”等语言描述的是感情。我们要**把注意力指向感觉，而不是感情**。我们应对感觉再敏感一些。对诸如“胸口周围一阵发紧”“眼角发热”等这些感觉，我们没必要一定用语言来形容。

做完练习后，我们要**查看自己的感觉是发生了变化，还是几乎没变化，抑或胸口的疼痛一时半会儿难以消除**。

如果没有留下任何感觉，这就说明你没能成功地进入忘我的内在体验状态。那就请你再挑战一次吧。

这个练习也算是新事物，习惯以后，谁都可以做到，不要认为自己不擅长。

如果能掌握要领，你就能按照自己的意识选择对接信息或不对接信息。你一旦习惯了与过去的信息进行对接，就可以掌握幻想出未来可能发生的事物，并与之信息对接的技巧。你还可以与理想的上司、向往的名人等其他人进行信息对接。

你如果有不喜欢的同事，可以选择不与他对接信息；而选择与该同事对接信息，有助于你从他的角度客观地审视自己。

练习二 “增加成功体验的意识训练”流程

（1）尽量创造独处的环境

即使是晚上躺在被窝里也可以。

（2）闭眼，深呼吸 3 次，进行信息对接

将注意力集中在“现在，在这里的自己”上。

要点：

- 把注意力集中在自己的身体上；
- 把注意力集中在身体特定部位的状态及感觉上。

（3）感觉到杂念消失后，开始回忆过去的感动体验

与自己觉得很棒的回忆对接信息，在脑海中鲜明地再现当时的情景。

（4）全面调动感官，尽量具体地回忆

不是模糊的，而是全面调动五官（视觉、听觉、触觉、嗅觉、味觉）进行想象。那时的环境、声音、皮肤感觉、味道等是怎样的？调整呼吸，将注意力集中起来，自问自答。

要点：

- 回忆不完美也可以；
- 再现 50% 即可。

（5）把自己置于情景中，追加体验自己的感情

用语言追踪下去的话，当时的情景就会更加鲜明。

要点：

- 用自己的语言诱导后，有时也许不能正确地对接信息；
- 如果脑海中浮现出的风景及人物可以随意动起来，那就说明信息对接程度很高；
- 建议至少沉浸 5 分钟。

（6）回顾一下体验后的生理反应

注意力不是放在“怀念”“高兴”等感情上，而是放在“眼角发热”等感觉上。练习后，检查自己的感觉是有变化，还是几乎没变化。

过去，我曾经做了很多次这样的练习。于是，我容易融入之前的成功体验中，进行追加体验。

掌握了这个方法后，即便实践 10 次有 9 次都失败了，也可以通过 20 次、30 次反复追加那一次成功的体验，充分体会成功的滋味。对于那些回想起来毫无意义的失败体验，这种方法具有治疗作用，可以帮你减少从记忆中调取它的次数。

人可以通过积累成功体验来获得自信。人一旦有了自信，获得成功的概率就会增加。**与自己过去的成功体验有效地进行信息对接，深层次地去体味当时的感觉，可以改变你的思维方式。**你的想法会从“什么都干不好”转变为“最近感觉越来越有希望了”。

请相信，通过这种反复进行的意识训练，你的想法、价值观都会不知不觉发生改变。我本人也是如此，等我回过神来，发现我原有的消极性思维已经不知道跑到哪里去了。

从做了 20 多年的噩梦中解脱出来

我在前文曾提过我与父亲之间的纠葛。当我了解到人的思维方式是由过去体验的刺激强度及次数形成的后，我对父亲的看法改变了。

在那之前，我一直在想，如果我能生在另一对父母的家里，我一定能度过一个完全不同的、更加亮丽的人生。

我因为有一个只知道酗酒、赌博的父亲，生活在一个堆满垃圾的家里，思维方式变得“浑浊不堪”，后来它竟然在相当短的时间里转变为接近“无色透明”了。

“这两位亲人生下了我，我才得以拥有这么绚丽多彩的人生。”现在我不但可以坦然接受这个事实，心中还充满了无法用语言形容的感激之情。我对父母已经有了全新的认识。

虽然如此，但我直到 43 岁还经常做一个关于父亲的噩梦。而且，每回在梦里我必然与父亲发生肢体冲突。即使我作为青年海外协力队员去危地马拉赴任期间也从未中断过做噩梦。

可以说，我连续 20 多年都在做噩梦，并在梦中打伤父亲。早晨起床时，我总是浑身是汗，情绪极其低落。

虽然梦境与现实不符，但在我大脑的某个角落里储存着不好的记忆，当我进入梦乡后，那些记忆的抽屉便被我打开了。幸好那样的梦因为这个方法（即练习二）完全消失了。

现在父亲还健在，每月我们都会见面。我再也不做那样的梦了。我不光在表面上改变了，连潜意识都改变了。

练习三：改写过去的方法——转换次感元

要想改变由过去体验的“刺激强度 × 次数”所形成的思维方式，你可以利用未来的体验去改变。我在前文已经向大家介绍了该方法。接下来，我要向大家介绍的是，通过有意识地追加体验过去那些很棒的经历，从而改变记忆导出方式的方法。

下面，我开始讲解改写过去记忆的方法。与其说是改写记忆，不如说是对过去的体验做一些加工，大胆修正思维方式。这种方法被称为“转换次感元”。

通过人的五官等感觉器官所获得的感觉，被称为“感元”，而构成感元的一个个要素就是“次感元”。

我本人通过这种方法，以超乎周围人（特别是我的妻子）想象的、不可思议的速度改变了自己的劣根性。这个练习属于十足的刺激性很强的体验。

但是，大多数人很难一下子做成功这个练习。如果你的内心感到不安："我能做好吗？真没有自信啊！"那么此时开始做刺激性很强的练习就是一个错误。请大家先反复做练习二的意识训练。经过积累，达到可以顺利对接信息的程度后，再做练习三。

通过持续做练习二，可以让一个总是很消极的人萌生出"一定会成功"的小自信。在有了小自信的基础上，你再开始挑战转换次感元的练习。

为了能真心实意地投入，并取得良好的效果，我建议大家抱着十足的自信，至少做这个练习 5 次。

1. 导出打算改写的过去的经历，并与之进行信息对接

我们要导出打算改写的过去的经历，并与之进行信息对接。

我们要选择自己想回避、不想回忆起来的事情或某个时期，比如被上司狠狠批评、遭到客户的无端投诉、工作接连出现失误，导致自己特别孤僻的年轻时代等。

一旦进入信息对接状态，你就会产生追加体验，去深度体味过去的经历，有可能加深心灵的创伤。因此，在初期，我建议大家最好选择感觉水平高于 −5 分的那些过去的体验。大家可以先从诸如与朋友吵架了、在电车上发生的那些令人不快的体验来小试一下牛刀。

创造一个能集中注意力的环境，反复做几次深呼吸，心绪就可以稳定下来。**充分调动自己的感觉器官去全方位地把打算改写的那段经历用心回味一番，并与之进行信息对接**。要尽量沉浸其中，让大脑里产生的画面能随意地动起来。

2. 详细回忆出当天的情景

让我们以在电车上被推搡为例。

那是一个炎热的夏天，外面下着倾盆大雨，乘客们大汗淋漓，每个人手里都拿着雨伞。你的两手拎着很重的行李。

你前面站着一位被雨水浇透的中年公司职员。他的右侧站着一位戴着头戴式耳机的女高中生。他的左侧站着一位拎着大购物袋的女子，这位女子的旁边是一位抱着 2 岁左右孩童的妈妈。

车厢里闷热得几乎令人窒息，再加上感冒始终不见好转，你感到特别难受。由于双手腾不开，你没捂嘴就开始咳嗽。于是，你感觉到了周围人冰冷的目光。正在你为出门没戴口罩而后悔不迭时，你被人从身后猛撞了一下。

因电车摇晃而失去平衡的男子撞在了你身上。你被撞得将右手的行李掉在了地上。这时戴耳机的女高中生皱起眉头，咋了一下舌头。

3. 改写一下这段经历

我们虽然要改写过去，但是不能歪曲事实。事实就是事实。我们要改写的是对那个事实的感觉。

我们来试着实际做做看。

我们针对这个“内在体验”的素材（次感元），**从“亮度”“色彩”“动态或静态”“立体或平面”“距离”这5个切入点进行加工**。

（1）亮度的高低

在加工素材的过程中，我们需要从客观的角度去观察自己的感觉水平是如何变化的。

在电车上被人推搡，站在前面的乘客对自己表现出嫌恶的表情。当你对这件事进行追加体验时，你的感觉水平是多少分呢？假如你的感觉水平是－4分。

接下来，我们来**调节一下亮度**。我们逐渐把眼前影像的亮度调高，一直调到周围的影像都变得模糊不清了。对，一直调到感觉很晃眼，以至于你不得不稍微眯起眼睛为止。

这时会出现什么情况呢？不愉快的感觉会增强，由－4分变

成 −5 分或 −7 分，还是会减弱一些，变成 −3 分或 −2 分呢？

实际上，不愉快的感觉是增强还是减弱，因人而异。请大家把注意力集中在自己的生理反应上，给自己的感觉水平再次打出一个分数。如果觉得前后没什么变化，还写上 −4 分也没关系。

记录好新的感觉水平后，我们暂且把头脑中的影像调回到之前的亮度。

然后，我们把亮度调低。让我们把脑海中出现的眼睛能看到的所有东西的亮度全部调低。

这次，你的感觉水平会发生什么变化呢？不愉快的感觉会减弱，变成 −3 分或 −2 分，还是会增强，变成 −5 分或 −6 分呢？

对于我个人而言，把亮度调高一些的话，情绪会稳定一点儿。无论导出什么样的过去体验，都是如此。用数值来表示，能改善 2~3 分的样子。之前的 −5 分会变成 −3 分，−3 分会变成 0 分。

有些人告诉我，亮度调低的话，会导致情绪更加低落。也有些人说，无论怎么调亮度，自己的感觉水平都不会改变。看来是存在个体差异的。请大家把自己过去的体验拿出一些来试验几次。

（2）色彩的强弱

接下来，针对**同一场景，我们试着变换一下色彩**。

当转换次感元时，**要先回到原先的影像（体验），这一点非常重要**。千万不要调亮之后就让影像一直亮着，或者调暗后就一直暗着。有人可能会想，我好不容易情绪缓和了一点儿，真不想再调回去了。为了了解真正的自己，这一步骤至关重要，请大家务必照着做。

下一步的次感元通过色彩呈现，**让我们把过去的体验中的每一个素材都标上清晰的颜色吧！**

站在前面的中年公司职员穿的是什么颜色的衣服呢？戴领带了吗？是什么颜色的？黑发中是否掺杂着白发？被雨水淋过后的

头发是什么颜色的？女高中生戴的头戴式耳机是什么颜色的？女人怀抱中的孩子穿着什么颜色的衣服？……

我们挨个填上颜色。即使与当时的场景不一样也没关系，只要是那种感觉的色调就可以了。因为我们只是想确认一下，这样做完之后有什么生理反应。

如果给过去的体验加上颜色后，你的情绪变得更差了，感觉水平变成 −6 分或 −7 分了吗？如果情绪稍微变稳定一些了，感觉水平变成 −3 分或 −2 分了吗？

再重新回到原有影像。这次我们试着把影像的颜色调成黑白。这比涂上各种色彩要容易一些。

如果你陷入更加消极的情绪中，你就记录上 −5 分或 −6 分；如果你的感觉水平得到了改善，你就记录上 −3 分或 −2 分。

请一定自己记录感觉水平。如果感觉不到变化就请记录“没变化”。

就我个人而言，把影像的色彩调成近乎黑白后，我的情绪会舒缓很多。与调整“亮度”相比，调整“色彩”的方法对我来说更加有效。

你的结果如何呢？

（3）动态或静态

接下来，我们再**看看把影像调整为动画与静止画面后会发生哪些变化**。同样，我们把发生了变化的感觉水平数值记录下来。

也就是说，过去的体验是动画时，你的心情比较平静，还是处于静止画面时，你的心情能得到改善。对我来说，调成静止画面后效果特别显著，我的心情会得到改善。

（4）立体或平面

我们**把影像调成立体的或平面的，再来看看变化**。

是从立体角度去看一个事物，还是将其看成一个平面，我们的感受是不同的。如果看成立体的，临场感会比较强；如果看成平面的，会感觉与电视中的图像没什么两样。

让我们试着记录一下分别调成立体与平面时的感觉水平吧。

（5）距离

最后我们来考虑一下距离。

再现当时的情景时，请考虑一下是从哪个位置在看那个影像。

被雨淋湿的中年公司职员，戴着头戴式耳机、用嫌恶的眼神看着你的女高中生，是就在眼前呢，还是犹如用长焦距镜头一下子拉近来看（现实中不太可能）的感觉呢？

在把次感元与距离挂钩时，个体差异比较小，大多数人都会感觉还是把距离拉长一些心情会比较放松。距离变远的话，感觉水平有可能由 －4 分变成 －2 分或 －1 分。

那么再拉远 5 米、10 米的距离之后会怎么样呢？让我们把感觉水平用数值记录下来。

如果距离变得足够远，以至于我们已经看不到眼前站着的人的表情时，也许我们就什么都感觉不到了。换言之，感觉水平已经接近 0 分了。

4. 把有效的加工方式组合起来

请在上文提到的 5 种加工方式中**挑选出能让自己的情绪趋于稳定的方式，并进行组合**。

比如，把影像的亮度调低，变成黑白图像，静止画面，调成 100 米的距离。这时你会有什么感觉呢？你的感觉水平是不是几乎可以达到 0 分的状态呢？

如果能确认自己真的没有任何生理反应，那就请你把加工好的情景放入一个像相框一样的矩形框中。然后，再把这个图像印在自己的脑子里。注意力不要分散，要集中，一气呵成，就可以改写过去的体验。

我们只是把构成影像的素材（次感元）做了一些更改，之后把图像印在脑子里而已。但你会发现，每次当你再度唤起那段回忆时，你会比较容易想起装入“矩形相框”中的那个加工好的影像。

结果，对于过去那些不愉快的体验，你去做追加体验的次数明显减少，消极性思维方式出现的频次也减少了。

以上就是被称为“转换次感元”的重写记忆的方法。

顺便说一下，加工的方式可以利用每个人的优势感觉来进行量身定制。比如，这次我们只是使用视觉信息来进行加工，下次我们可以使用听觉信息进行加工。我们可以对声音的大小、声音的高低、声音的节律、与声音的距离等素材（次感元）进行调节。

体感信息，包括暑热、潮湿感、轻重、臭味、味道等，抽出构成这些体验的所有要素（次感元），并使它们自由自在地变化。

我以前的那些已经成为心理阴影的糟糕体验，经过做“转换次

练习三　能改写过去的“转换次感元”流程

（1）回忆起想改写的过去的体验并与之进行信息对接

信息对接的方法及要点与练习二相同。

要点：

- 在尚未习惯时，建议先选择感觉水平高于 -5 分的体验来做练习。

（2）当天的情景回忆得越具体越好

充分调动自己的感觉器官，回忆起具体的情景，再进行信息对接。要尽量沉浸到回忆中，达到脑海中出现的画面能随意动起来的程度。

（3）改写一下这段经历

① 亮度的高低	把现在做追加体验的感觉水平的数值记录下来。 把眼前影像的亮度调高，直到感到炫目而不得不把眼睛眯起来为止。 记录下那时的感觉水平。 把影像恢复到之前的水平，这次再把亮度调低，然后记录自己的感觉水平数值。
② 色彩的强弱	把亮度复原后，改变相同影像的色彩。 逐个涂上颜色，记录下那时的感觉水平。 恢复图像的颜色后，调为黑白影像。 记录那时的感觉水平数值。
③ 动态或静态	把影像变为动画后，记录下感觉水平数值。 把影像变为静止画面后，记录下感觉水平数值。
④ 立体或平面	把影像变成立体后，记录下感觉水平数值。 把影像变成平面后，记录下感觉水平数值。
⑤ 距离	把那个情景放在 1 米处，通过照相机镜头来看，记录下感觉水平的数值。 再把它放到 5 米、10 米之外，记录下每一次的感觉水平数值。 最终，远到根本看不见站在眼前的人的表情。

（4）把有效的加工方式组合起来，再把该情景放入矩形框中

从 5 种加工方式中选择能让自己的情绪变得稳定的加工方式，并进行组合。确认自己没有任何生理反应后，把加工好的影像放入一个像相框一样的矩形框中。

感元”的练习后，得到了有效修正。我所选择的方式是让影像静止，把亮度调到晃眼，把距离放到 10 米左右。把色彩调成深棕色，放入一个矩形框中，再配上自己喜欢的曲子。

以前，时不时冒出来的令我沮丧的回忆一出现在我脑海里，我就会意志消沉，垂头丧气。但对那些回忆做了加工之后，无论我怎么努力地回忆，在我脑海中出现的都是那个伴随着喜欢的乐曲被放入矩形框中的深棕色图像。糟糕的回忆已经无法从我的记忆中再冒出来了。这真是一种不可思议的感觉。

就这样，通过逐渐修正过去的糟糕体验，我的思维方式发生了变化。

不是抹去事实，而是让你忘却那时的感觉

无论多么糟糕的体验，过了 10 年、20 年之后，绝大多数情况下你对它的内心感受都会发生变化，你甚至可能会想："那权当是一种美好的回忆吧。"

但如果是一周前或一个月前发生的事，无论你怎么说服自己，你的脑子里都免不了会反复出现当时的情景。这种追加体验会让你越来越沮丧。以前挺自信的你，说不定会渐渐丧失掉进行挑战的欲望。你会嫌恶变得胆怯、做事畏首畏尾的自己，于是形成了消极的思维方式。

转换次感元，能发挥出阻止这种恶性循环的作用。

以我自己为例，经过反复做“转换次感元”的练习后，与其说改写了过去那些不愉快的经历，不如说让我彻底忘却了那时的感觉。

事实上，以前那些让我意志消沉的琐碎事件，我现在即使想回忆，也已经想不起来那时的感觉了。如果别人特意旧事重提，我也许才能从大脑的记忆装置中把它提取出来。

有人跟我说：“上周一晚上咱们一起吃的那条鱼，刺可真不少啊。”我会寻思一阵才能想起来：“好像是那么回事。”对我来讲，这件事已经变得刺激性极弱，根本无所谓了。

“前几天开会时部长说的那些话，你不用太在意！听说部长自己也觉得说得太过分了，正在反省呢。”有人对我说。

“我记得部长是说了我几句，但他的态度有那么令人介意吗？”我的心态很平和。

如果你能变成这样，你就成功了。

虽然过去那些不愉快的记忆不再很轻易地浮现出来了，但并不意味着那种体验彻底从记忆中消失了。我们不能让自己处于记忆丧失状态。

想把事实从记忆中抹去是很难的。但是，**我们有办法让自己忘却那种印象鲜明的感觉**。

把菜鸟从苦闷中拯救出来的方法

当我刚在一家咨询公司就职时，由于一直不能给公司拉来业务订单，我向公司公开表示我将在一年的时间里举办 30 场讲习会。

由于我没有知名度，即使讲习会是免费的，每次也就能来四五位听众。讲习会举办了几次都不见成效，并没有人通过这些讲习会来与我公司洽谈业务，或者委托我们做咨询工作。

举办讲习会不仅浪费了时间与人力，还花费了不少金钱。投入各项成本之后，却看不到预期的效果，我渐渐地失去了自信。

一个失去了自信的咨询师在讲习会上演讲，不可能打动任何人的心。所以，这种讲习会即使举办再多，也不能增加来公司进行商谈的客户。这种见不到天日的日子一直持续着。

我在日立制作所工作时，就是一名没能做出任何业绩的信息系统管理工程师。我虽然有幸进入当时已经有 60 多年历史的咨询公司工作，负责营销管理咨询，但根本不可能把它做好。无论是谁都会这么想吧。

来听我讲习会的听众，看起来都毫无反应，有些听众甚至中途退场了。每次的讲习会结束后，我的消沉情绪一直到当天晚上都无法散去。无论我事先做多少准备，动脑筋想多少方案，始终都得不到回报。我连准备下一次讲习会的气力都快没有了，也失去了召集更多听众的积极性。

“一直沉沦下去也无济于事呀。”“眼睛只能向前看。”那时遇到我的人几乎都会这么开导我。

我虽然脑子里明白这个道理，却提不起精神。无论我在心里怎么安慰自已，那种消极的感觉都挥之不去。

我不是一个钝感的人。钝感力不高的我，有时沮丧到极限时，会后悔自己在35岁时从日立制作所辞职。那可是一家多少人想进都进不去的炙手可热的好公司呀！我为什么会辞职呢？

一旦陷入这种消极的状态，负面想法就会源源不断地涌来。虽然想这些毫无用处，但这些想法一直在脑海中不停地打转。“到现在还说这些有什么用啊！”“想这些事，对目前的自己一点儿好处也没有！”我虽然对自己这么说，但无意识间又开始感叹了。这种情况一直持续着。

最终把我从这种状态中拯救出来的，不是朋友或职场的前辈，而是转换次感元的方法。

一直抱有那些无济于事的负面感觉，对我真的没有任何好处。于是，我开始**运用转换次感元的方法，对那些不想再做追加体验的过去的认识逐一进行改写**。

不再被过往所牵绊后，我继续在讲习会上登台演讲。

一年举办了30场讲习会后，第二年我制定了一年举办100场

（每周两场）讲习会的目标。于是，我真的顺利达成了 100 场讲习会的目标，而且此后形成了一种惯例。直到现在（2018 年），我都在坚持这样的惯例，从未中断过。

我还记得有一天，有人在讲习会的调查问卷上写了一个大大的“×”。我虽然对此事记忆犹新，但几天之后，已经对此事不抱有任何感情色彩了。多亏做了转换次感元的练习，我才能够做到该反省的地方好好反省，该忽略的地方尽量忘却，从而可以集中精力积极地投入下一次演讲的准备工作中去。

假如每次演讲能改善 1%，演讲 100 次后，我的演讲技能就会更加精进。

我没有什么营销的经验。正因为我过去没有经验，我才能产生更多的创新性思维。这是我引以为豪的地方。

我把这些创新想法汇聚起来之后，形成了叫作“预材管理[1]”的管理方法。该管理方法后来被 NTT DoCoMo、软银、三得利

1　预材管理：是作者发明的一种营销管理方法。即事先准备好业绩目标两倍的预材（营销预备材料）进行营销，最终形成“最次也能达成目标”的局面。

等日本知名企业采用。而我正是在人生的这个阶段创造、确立的这个方法。

建立起全新的信赖关系

本书终于快要写完了。在本书的最后部分，我想传达给大家的是关于信赖关系的内容。

我在本书中，以“为了成为不易为外界变化所动摇的人，必须逐步改变自己”为主题，就如何变成全新自己的一些知识和技巧进行了介绍。我衷心祝愿读者读了我这本书后能发生改变。

但是，如果从“地位与环境造就人”的角度去审视的话，自己发生了变化后，很可能就会与目前的地位和环境不匹配了。

比如，一个公司中存在着“262 法则”，如果处于中间阶层的大多数人中的某个人想改变自己，向上发展，那些平时关系不错的同事就会讥讽他：“你小子，最近干活儿很卖力嘛！”

即便你平时与这些人已经建立起一种信赖关系，即便你知道他们是在和你半开玩笑，你心里也免不了一沉。如果同事们的声音已经形成一股反对势力，你恐怕就要狠下心与他们保持一定的距离了。

与本已亲密熟悉的同事保持距离，确实是一件令人伤感的事。如果一方面能与同事继续保持信赖关系，另一方面能改变自己，当然最为理想，但请不要忘记“真正能对自己的人生负责的还是你自己”。

但也有例外。我建议**在对待家人时，一定要谨慎处理**。

你的家人眼看着身边的你在生活习惯、言谈举止、思维方式上都发生了显著的变化，感到很担心，这是很正常的反应。你要对此多加理解。如果家人对你表现出不安，你就要与家人好好沟通，尽量减少家人对你的担心。你需要持续付出努力。

还有一点，我想在最后补充一下。**在转变为全新的自己的过程中，你最应该信赖的就是你自己。**

从结果来看，不自信的人，都是因为跟自己没有建立起信赖关系。不信赖自己，内心就会不踏实，没有安全感。

尝试做一些新的事情，或者去接触一些新人时，如果你感到手足无措，那是因为你内心的安心、安全感没有得到满足。如果你始终处于那种状态，你的未来就不会有什么希望。

你不要把眼光总是放在自己的弱点上，一定要尝试着多看看自己的强项。

我们要学会改造自己的大脑，让它在无意识中经常想起自己的优点，回忆起自己过去的那些成功体验。这样一来，我们就可以与自己建立起一种正确的关系。

后序

感谢你读到本书的末尾。

我是在 2015 年开始创办“绝对达成社长会”的。虽然这个团体创立之初是有目的的，但我真没想到在短短的时间里，这个团体能发展到这么大的规模，我能与这么多人相聚。

开始做一件新的事情，就会与很多新的人、新的事相逢，自己也会成为一个新的自己。反反复复之后，你会发现，原来人生是那么有趣。

我今年 49 岁，假如跟 30 岁时的自己说：“你能想象 19 年后你在做什么吗？你在一边经营公司，一边做营销管理咨询师呢。”我会做何反应呢？

我肯定会惊讶得说不出话来，会笑出声来，根本不会当成一回事。

不过，现在的我已经可以享受自己的变化了。假如眼前突然出现19年后的自己，他告诉我“你将来会住在新加坡，从事房地产销售工作”或者“你会在印度经营一家有5000名员工的IT企业”，我可能会吃惊，但绝对不会问为什么。

因为我知道肯定是因为某种缘分，我才变成那样的。我只能坦诚地去接受自己的未来。无论住在哪里，从事什么工作，定了怎样的目标，我都无所谓。

比起这些，我只会问未来的我一个问题：“未来的我比现在的我更幸福吗？”

如果未来的我能回答“嗯，至少比现在的你要幸福”，那我就满足了。我并不想去追问“如何做到比现在更幸福”的任何细节，这些都留作对未来的期待吧。

假如你也遇到了未来的自己，如果他对你说“几十年后，你在从事着与现在完全不同的工作，你生活在完全不同的地方，你很幸福”，你的心里也会很踏实吧。

衷心祝愿本书的读者朋友们能够利用本书所介绍的各种知识与技巧，让自己成为不易被外界变化所动摇的生活的强者，充分享受不墨守成规的有趣人生。

横山信弘

2018年9月

指南针 负责指北

为自我成长指明方向

《不要只问结果：如何打造一支灵活应变的团队》

让你的团队扛得住风险，无惧瞬息之变

松下集团、朝日新闻等知名日企管理者都在实践的管理技能

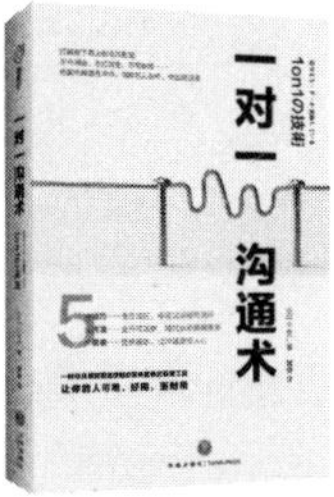

《一对一沟通术》

世界 500 强企业都在用的省时高效沟通术

让你的人可用、好用，更耐用

《为什么你总是半途而废》

致做什么事情都行动不起来，坚持不了多久的你

不拼个人意志力，也能轻松把事干完、干爽、干漂亮

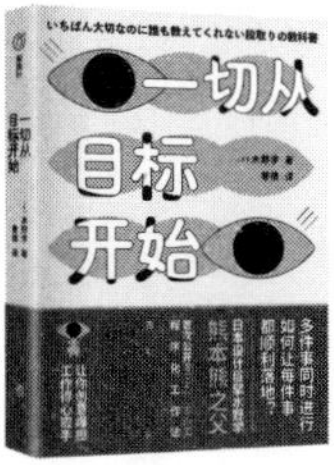

《一切从目标开始》

多件事同时进行，如何让每件事都顺利落地？

熊本熊之父首次公开零压力零返工的程序化工作法

指南针
负责指北

为自我成长指明方向

《带人的艺术》

不懂放手，你就只能自己累

带团队要高情商会说话，更要懂用人会放权

《内在强大：应变万难的力量》

困住我们的不是外界因素，而是自己习以为常的思维方式

给深陷无力感的你的能量提升课